不生气的技术

怒らない技術

[日] 嶋津良智 著

叶文麟 译

机械工业出版社
CHINA MACHINE PRESS

Original Japanese title: OKORANAI GIJUTSU
copyright © 2010 Yoshinori Shimazu
Original Japanese edition published by Forest Publishing Co., Ltd.
Simplified Chinese translation rights arranged with Forest Publishing Co., Ltd.
through The English Agency (Japan) Ltd. and Qiantaiyang Cultural Development (Beijing) Co., Ltd.

北京市版权局著作权合同登记　图字：01-2022-5379号。

图书在版编目（CIP）数据

不生气的技术 /（日）嶋津良智著；叶文麟译. —北京：机械工业出版社，2023.6（2024.2重印）

ISBN 978-7-111-73189-4

Ⅰ. ①不… Ⅱ. ①嶋… ②叶… Ⅲ. ①情绪-自我控制-通俗读物 Ⅳ. ①B842.6-49

中国国家版本馆CIP数据核字（2023）第091529号

机械工业出版社（北京市百万庄大街22号　邮政编码100037）
策划编辑：徐曙宁　　　　　　责任编辑：徐曙宁　仇俊霞
责任校对：张爱妮　陈　越　　责任印制：郜　敏
三河市国英印务有限公司印刷
2024年2月第1版第2次印刷
127mm×184mm・7.75印张・1插页・97千字
标准书号：ISBN 978-7-111-73189-4
定价：49.80元

电话服务　　　　　　　　　　网络服务
客服电话：010-88361066　　　机　工　官　网：www.cmpbook.com
　　　　　010-88379833　　　机　工　官　博：weibo.com/cmp1952
　　　　　010-68326294　　　金　　书　　网：www.golden-book.com
封底无防伪标均为盗版　　机工教育服务网：www.cmpedu.com

序 章

心态与情绪能改变人生

该怎样做才能将人生引向更好的方向?

首先,非常感谢你选择了这本书。

我想你应该或多或少地有过这样一些想法:

"总感觉很心烦。"

"我动不动就会生气。"

"今天也碰到了让人不爽的事情。"

我写作这本书的意图,就是希望无论你是怀着以上的哪一种想法翻开了本书，在读完之后都能够**有所收获**。

这是因为，这本书中所写的方法**的确能够将你的人生引向更好的方向**。当然你也许会立刻反驳："怎么可能有这种方法呢？"

然而，确实有一种**非常简单并且立即就能实践的方法**，那就是"**改变心态**"。

在谈论"为什么改变心态就能改变人生"之前，请允许我先谈一谈自己为什么会写这本书。

我曾独自创办了一家公司并最终将其成功上市，作为经商人士算是取得了一定的成就。如今，我又转向了教育培训领域，希望能够利用经商时期积累下来的经验，培养出更多的后起之秀。

可是在与许多人的接触当中，我经常产生这样的感受：**其实每个人都有着出众的地方，但他们自己却不知道该如何表现出来**。

因此，**我想通过这本书，将控制心态和情绪的重**

要性以及如何进行控制的简单方法传达给更多的人，帮助他们把握改变自己人生的机会。我本身就是因为明白了这些道理，才使得自己的人生发生了巨大的变化。

改变心态，就能改变人生

所谓"改变心态"，意思是"改变看待事物的方式""改变思考问题的方式"。

让我们用销售人员的工作来举个例子吧。

下雨天，很多销售人员会觉得"下雨了真麻烦，太讨厌了"，而不愿意外出跑业务。

但是，有心的销售人员会想到："大多数销售人员都不会选择在这种天气外出，对我来说反而是个不需要和他人竞争的好机会。而且，在下雨天跑业务，也更容易让顾客产生好感。"如此一来，他就能不断地提升销售业绩（我也是做销售出身，所以对此深有体会)。

人生就是这样,对同一件事情(这里指下雨这件事)的"看待方式"或"思考方式"的不同,会使得结果产生巨大的变化。

所以,掌控了自己的心态和情绪,就等于掌控了自己的人生。只要改变心态,就连过去也能改变!

这里我想强调的是,改变"看待方式"或"思考方式",连过去都能够改变。

"过去的事情怎么可能改变呢?"

很多人都会这么想。

但是,不妨设想一下,**假如你失恋了**。

"如果没和那个人分手,我的人生就能有所改变了。"

"分手了也好。我也许会遇见更好的人,过上更好的人生。"

这两种不同的想法，会对你的人生产生截然不同的影响。准确地说，是改变"看待方式""思考方式"，便能够将"坏的遭遇"转化为"好的机遇"。

首先，从"不生气"开始做起吧

对此，我提倡的方法是"不生气"。

实际上，自从决定"不生气"之后，我的人生就开始向着好的方向转变，说是乘上了"成功的浪尖"也不为过。

我 28 岁的时候，独自创办了一家公司并就任董事长和总经理。

翌年，机缘巧合下我与两位相识的经营者一道开展了同领域内首个特许经营业务。然后在 2004 年，实现了我自创业以来就始终作为目标之一的——公司上市，实际上仅用了 5 年时间就将公司发展为一家年销售额达 52 亿日元的企业。

如今，我又心怀曾经的梦想改行换业，开展教育培训业务，致力于培养后辈人才。

另外，我的另一个梦想——将事业版图拓展到海外，如今也实现了。我曾为一家**新加坡**公司的经营出谋划策，以此为契机，我创办的"领导者学院"⊖也开设了新加坡分校。

而以上这些成就的获得，都是从"不生气"开始的。

正因如此，我提倡要改变"看待方式""思考方式"，第一步应从"不生气"开始做起。

如果能够养成"不生气"的习惯，我们就能够掌控自己的心态和情绪。

⊖ 领导者学院（Leaders Academy）：由本书作者嶋津良智创办的以培养优秀的企业管理者为目标的教育培训机构。——译者注，余同

其实，我曾经也是个经常动怒的人

我原本是个性子很急的人，也一度试图用"发怒"来管理企业。

大学毕业后，我就职于一家销售公司。

从入职起，我的销售业绩就一直比较优异，在24岁的时候便晋升为经理。成为经理的3个月后，公司在全国范围内开展了一场比拼销售额的竞赛活动，而我带领的部门荣获了第一名。

我因此获得了自信，认为凡事只要按照我的计划来实施就没有问题，于是为追求业绩的进一步提升而铆足了劲。可事与愿违，一段时间过后部门业绩不升反降，虽说勉强过得去，但与当初荣获第一时的部门业绩相比早已相去甚远。

业绩下滑的原因在于管理方法。

当时我采用的，是一种叫做"KKD管理"的方法。"KKD"是我自创的词，它取自三个词语发音的首字母，指采用"恐怖""恐吓"和"动粗"[○]的手段进行管理。

对下属推推搡搡，把在白板上写字用的记号笔朝他们扔过去，又或者是用脚去踹垃圾桶……从早到晚，我都在反复使用诸如此类的手段管理着自己的部门。

这是因为我本就是个相当急躁的人。从小时候起，我就非常容易发怒，稍微遇到些事情就会立刻朝人怒吼："你开什么玩笑？""你是不是傻子？"

现在想来，这恰恰说明了我内心的胆怯和懦弱。

"愤怒的人"正在增多

不仅是我个人，如今的整个社会，似乎都蔓延着"愤怒"情绪。

○ 原文为三个日语单词，括号内分别为日语词和发音：恐怖（恐怖/Kyoufu）、恐吓（脅迫/Kyouhaku）与动粗（ドツキ/Dotsuki）。

实际上，由日本警察厅统计和发布的2008年版《犯罪白皮书》中显示：关于被警方抓获的暴力行为实施者的人数，以及该群体在总人口中的占比情况，处在10～19岁这一年龄段的人群数量虽然有所下降，但在20～29岁这个年龄段中的人群数量增长趋势非常明显，并且随着年龄段的提升，这两项数据的增长也更加显著。

的确，职场环境、生活环境等各种因素都会导致精神压力的累积。

但面对精神压力，**难道我们就没有"生气"以外的选项了吗？**

请回忆一下迄今为止自己生气时的场景。

只要思考便知，任何场景下，我们都有着"生气"和"不生气"这两个选项。

之所以生气，是因为我们自己选了"生气"这个选项。

这可能不过是一个闪念,一个大脑在 0.0001 秒的时间内作出的判断。

但即使如此,你也无法否认生气这件事是你自己的选择。

而这意味着,你同样可以选择"不生气"。

这也就是我所说的掌控自己的心态和情绪。

仅仅是决定"不生气",你就可以获得各种各样的好处:**更好的机会、更好的相遇、更好的讯息、更好的工作岗位、健康的身体状态……**

当你向别人问路时,你是会找笑容满面的人,还是怒气冲冲的人呢?

当然是笑容满面的人,对吧?任谁都会觉得,笑容满面的人更容易与之攀谈,进而在与他们的交谈当中有所收获。

在**第 1 章**中,我将介绍简单却有效的"**助益人生的三条规则**"。

在第 2 章中，我会解释"**人的情绪究竟为何物**"，帮助你理解内心奔涌着的情绪的性质。

在第 3 章中，我将阐述"**掌控心态和情绪的重要性**"。并且你还会明白，**要想控制它们其实很简单**。

在第 4 章中，我会介绍"**助你远离焦躁的习惯**"。在这一章中介绍到的习惯，哪怕只实践其中的**一个，都会让你的人生朝向更好的方向发展**。

在第 5 章中，我将介绍"**改善自己心情的习惯**"。在这一章中介绍到的习惯，就算只实践其中的一个，都能使你**变得更加认同自己，更加自信**。

在第 6 章中，我会介绍"**当焦躁无法摆脱时的特效药**"。人终究是一种脆弱的生物，而这些"特效药"便是在无论如何都无法压抑愤怒时的处理方式。只要明白了这些，就能**减少人生中的许多徒劳**。

我诚挚地希望这本书能够对你的人生有所帮助。

嶋津良智
2010 年 7 月

目 录

序章　心态与情绪能改变人生

01 第一部分
不生气的技术

第 1 章　助益人生的"三条规则"　　　　　　　／003
　　最简单的成功法则　　　　　　　　　　　　　／004
　　珍惜生命和时间　　　　　　　　　　　　　　／005
　　生气不会改变结果　　　　　　　　　　　　　／007
　　动不动就生气的人容易折寿　　　　　　　　　／011
　　享受事情的不顺遂　　　　　　　　　　　　　／014
　　高尔夫球的乐趣在于难度　　　　　　　　　　／016
　　就连比尔·盖茨也在妥协　　　　　　　　　　／019
　　多亏了那些接连而来的艰辛与失败　　　　　　／021

吃过苦的人和没吃过苦的人的差别	/ 025
30岁退休制度	/ 027
过程比结果重要	/ 030
我是个典型的凡人	/ 033
提高"人生的免疫力"吧	/ 034
就是要让孩子经历失败	/ 036
下一次机会	/ 038
跳过过程而获得的结果算不上好结果	/ 040

第2章 你的情绪由你自己来决定 / 043

生气对眼前发生的事情来说没有任何意义	/ 044
左右心态的不是事情本身,而是看待事情的方式	/ 046
对同一件事情,不同的思考方式会改变结果	/ 049
改变思考方式,就能控制情绪	/ 051
愤怒由自己的情绪产生	/ 053
育儿中的焦躁也是如此	/ 055
接受"价值观的差异"吧	/ 057
"我可不想跟这个人说话"	/ 059
自己真的是正确的吗?	/ 061

从朋友的话中感受到的愤怒情绪因何而起？ / 062

别被情报左右了情绪 / 064

生气是大脑的老化现象 / 067

思考方式和思想准备会影响人生的成果 / 069

你为了什么而活着？ / 072

第3章　掌控情绪就是掌控人生　　　　　　　　/ 075

过去无法改变，能够改变的是未来 / 076

松下幸之助与松井秀喜的话语 / 078

电车不来，公交不来，电梯不来 / 081

晴亦喜，雨亦喜，凡事皆喜事 / 083

你无法改变他人 / 086

情绪会给行为带来巨大影响 / 089

一流与二流的差别 / 091

愤怒以愚蠢开始，以后悔告终 / 093

下定决心"不生气"吧 / 095

下定决心"不失落"吧 / 097

别再归咎于他人 / 099

按照他人所说的去做，失败了责任也在自己 / 102

情绪控制训练之"不闯红灯" / 105

02 第二部分
25 个习惯助你告别生气与焦躁

第 4 章 这些习惯能帮你摆脱焦躁 /111

习惯 1　犹豫的时候不要做决定 /113

习惯 2　利用好自己的缺点 /115

习惯 3　时常做最坏的打算 /117

习惯 4　有备才能无患,出门前列"检查清单" /123

习惯 5　既然没自信,工作和生活就该"合乎能力" /129

习惯 6　目标尽可能设置得低一点 /133

习惯 7　找到一个只有自己能获胜的领域吧 /137

习惯 8　保持周围环境的"整洁" /140

习惯 9　放弃理想主义和完美主义 /142

习惯 10　分清楚哪些是自己的问题,哪些是别人的问题 /144

习惯11	不保守秘密	/148
习惯12	再重要的事情也会一件件忘记	/153
习惯13	通过当场提问来打消疑虑	/155
习惯14	别让自己置身于容易产生焦躁的环境	/157
习惯15	眼不见心不烦	/160
习惯16	不要自说自话	/162
习惯17	人生中的三个"相互"	/164
习惯18	既然自信,何不任性	/165

第5章 这些习惯能让你心情愉悦 /169

习惯19	认可自己的成长	/171
习惯20	学会在一些小事上夸奖自己	/173
习惯21	寻找到能令自己放松心情的方式	/176
习惯22	早晨的时间非常宝贵	/178
习惯23	让身边人写出你的50个优点	/180
习惯24	相互交流彼此的感受	/183
习惯25	千万别说"我很累""我很忙""没时间"	/186

第6章　11种即刻缓解生气与焦躁的"特效药" / 189

特效药1　这是上天对我的考验　　　　　　　 / 190
特效药2　这刚刚好　　　　　　　　　　　　 / 192
特效药3　感谢与讨厌的人的相遇　　　　　　 / 195
特效药4　改变名为价值观的"眼镜"　　　　 / 197
特效药5　暂时离开　　　　　　　　　　　　 / 202
特效药6　关注"第一情绪"　　　　　　　　 / 204
特效药7　不愉快的情绪要勤宣泄　　　　　　 / 208
特效药8　立刻道歉　　　　　　　　　　　　 / 211
特效药9　"算了"精神也很重要　　　　　　 / 213
特效药10　事情不会一成不变，所以要先忍耐　 / 215
特效药11　如果还是忍不住生气，那就睡上一
　　　　　觉吧　　　　　　　　　　　　　　 / 218

后记　　　　　　　　　　　　　　　　　　　　 / 220
作者简介　　　　　　　　　　　　　　　　　　 / 226

第一部分

不生气的技术

第1章
助益人生的"三条规则"

不 生 气 的 技 术

最简单的成功法则

你知道吗？人生有所谓的"三条规则"。

这些规则对于所有游走于人生这个棋盘上的玩家来说，都是通用的。

首先，就让我们来聊聊这些规则吧。

这"三条规则"是指：

- 珍惜生命和时间
- 人生不如意事十之八九
- 苦恼和喜悦都不过是包袱

接下来，让我们一条一条来看。

珍惜生命和时间

你知道这个世上最简单的成功法则是什么吗?

世界上有各种不同的人种与民族。人们居住在不同的国家中,彼此的生活环境当然也是不尽相同的。除此之外的"不同",还有男女之间的差别、能力之间的差别等。

但是,唯有两样,是上天赋予的、对所有人都平等的东西。你知道是什么吗?

一个是生命。然后,另一个就是时间,一天 24 小时的"时间"。

这两样是上天平等地赋予每个人的,因此人生最简单的成功哲学,就是珍惜生命和时间。也就是说:

珍惜生命和时间就能获得人生的成功。

这就是第一条规则。

生命也包含了健康这层含义。从更广泛的意义上来说，生命和时间可以说是同义的。对人类而言，一生（按照平均寿命计算）可以换算为长约80年的时间，有的人短一些，有的人长一些。

而如果将生命当作长约80年的时间来看待，那么每一秒都不应该被浪费。因为哪怕只浪费一秒钟时间，都等同于对生命本身的浪费。

可就是有这样一种浪费生命和时间的行为。

那就是"生气"。

生气不会改变结果

前不久,在一家健身房发生过这样一件事情。

A先生在使用跑步机,但在他去厕所期间,这台跑步机被B先生占用了。对A先生来说,这台跑步机在角落里,大概是用起来比较方便吧,所以他在暂时离开的时候,把自己的物品放在了上面,表示这台跑步机已经有人占用了。

而随后到来的B先生,把A先生的物品放到了一旁空着的其他跑步机上,开始使用眼前这一台。

A先生返回后,见状问道:"不好意思,请问原来是不是有东西放在这里?"

"我放到那边去了。"

"可这台跑步机是我在用的。"

B先生选择无视。

"你听见了吗？这台跑步机是我在用的。"

B先生继续无视。

"你这个人……我说这台跑步机是我在用的，你听不见吗？"

B先生仍然选择无视。于是A先生拿起自己的行李，扔回了原本的这台跑步机上。

"这台跑步机原来是我在用的，请你让开。听不见吗？请你让开。"

对话逐渐演变为争吵，两人你一言我一语争执了半天，最后以B先生改用别的跑步机，A先生用回原来这台而收场。

目睹了此情此景的我是这样思考的：

对于被占用了跑步机的A先生来说，不管是用原来这一台，还是换个位置去用别的跑步机，他所获得的锻炼效果并不会发生变化。他只不过是对"自己使用的跑步机被别人占用了"这件事情感到生气，才和对方争吵起来。

如果我是 A 先生，会怎么做呢？

我当然会感到不愉快。但我也会思考，若与 B 先生争吵，**我自身能获得什么，这对我来说又有什么好处。**显然，我会发现这样做根本没有任何好处。

况且不管我用哪一台跑步机，当天所获得的锻炼成果都不会发生变化。这样一来，我也就想通了：这个人就是这么不懂礼貌。然后放弃争吵的想法，改用其他的跑步机。

既然得到的结果不会改变，那么也就没有必要选择焦躁或生气。既然稍稍忍耐就能获得相同的成果，去选择一个不会让自己感到不愉快的选项，从结果上来说也是为自己好。

花费时间去生气、去焦躁，明确地说就是浪费人生。

我认为，只要不影响结果，就应该采用"节能"的思考方式。

时下流行的混合动力汽车，在低速行驶的时候，可以从燃油驱动切换为电力驱动以达到省油的效果。同样的道理，在没有必要生气的时候生气，白白浪费自己的心理能量，实在是没有必要。

既然所获得的成果不会改变，在处理自己的情绪时就应该更加"节能"。要像混合动力汽车那样，在该使用燃油驱动时用燃油驱动，该使用电力驱动时用电力驱动。

动不动就生气的人容易折寿

要知道,生气是会折寿的。

日本新潟大学研究生院医学部的安保彻教授是免疫学领域的权威专家,著有《免疫革命》等书。他就曾断言道:"**动不动就生气的人都死得很早。**"

自主神经系统是脊椎动物的末梢神经系统,分为交感神经系统和副交感神经系统。其中交感神经系统又被称作"活动神经",在人工作或进行体育运动的时候,交感神经系统会作用于心脏的收缩和血压的升高,制造出一种紧张状态,使精神活动保持兴奋。相对的,副交感神经系统又被称作"休息神经",能舒缓内脏器官的运作,在人休息或睡眠时优先发挥作用。

当人的情绪高涨,肌肉紧张、兴奋时,是交

感神经系统在发挥作用；情绪平和时则是副交感神经系统在发挥作用。而在吃饭、喝水以及睡觉的时候，也是副交感神经系统在发挥作用。

若能达到这两方面的平衡，人就能保持健康。

安保彻教授指出，医学上已经证实，自主神经系统和免疫系统在架构上是相互配合发生作用的，因此要想提高免疫力，关键是要创造出能让副交感神经系统优先发挥作用的状态。

但是，若长期承受"生气"等强烈的情绪压力，则会引发胃溃疡、高血压、糖尿病、失眠乃至癌症等病状的出现。

这样想我们就会明白，生气这种行为就是对上天同等地赋予每个人的"时间与生命"的浪费，它违背了"珍爱时间与生命"这条最简单的成功法则。

相反，笑是对身体有好处的。安保彻教授的《免疫革命》一书中有这样的阐述："为了保持副交感神经系统的活性化,另一项至关重要的举措就是调整心态。我强烈推荐的是经常发笑。当一个人一脸阴沉的时候,他的交感神经系统会处在紧张状态。人在生病后变得情绪低落、心力交瘁是难免的,但为了治病,一定要记得在日常生活中保持微笑。哪怕遇到了糟心的事情,只要保持笑容,心情就能逐渐开朗起来,这样也能激活副交感神经系统。所以在日常生活中一定要多笑。许多得了癌症的患者,总是板着脸,很少露出笑容,那他们的交感神经系统就会一直紧绷着。所以我一向认为,医生的工作是以治疗患者为开端,以让患者发笑为结束的。"

没有意义的"生气"会令你与成功的人生渐行渐远。

相反,不生气的话,就能够一下子拉近你与成功人生的距离。

享受事情的不顺遂

接下来要说明的是第二条规则"人生不如意事十之八九"。大多数事情难以如自己所愿地发展才是人生的常态。所以,稍微遇到些事情就焦躁、生气,是没有必要的。

并且,人生就是因为难以时时刻刻称心如意才显得更加丰富多彩,不是吗?

经常有人把人生比作打高尔夫球。在打高尔夫球时,需要考虑球进洞的方式,来把球击打向目标地点。但有时球会偏左,有时会偏右,经常无法落在称心如意的位置上;如果风向突然改变,球更是不知道会被吹向哪里。

正因为各种不同的因素复杂地交织在一起,才使得高尔夫球成为一种足以被比喻为人生的"深奥"的运动项目。

如果刚开始打高尔夫球就很顺利,想必会得出"这是一项有趣的运动"的结论。可我并不这么认为。

高尔夫球的乐趣在于难度

话说回来,高尔夫球是一项什么样的运动呢?

高尔夫球有着固定的球道和标准杆数,它比拼的是,如何使击球入洞的杆数尽可能地比标准杆数少。

假设为了让大家都能用更少的杆数击球入洞,以取得更好的成绩,我们把发球区和果岭○的距离缩短,把球道设置为直线,再把沙坑、小溪和池塘全都去掉,会怎么样呢?

这样的高尔夫球赛肯定很乏味吧?说到底,在克服以上一系列来自球道和地形障碍的基础上,去取得自己想要的成果,才是高尔夫球这项运动的真正乐趣所在。

○ 果岭:高尔夫术语,由 Green 一词音译而来,指球洞所在的草坪。

职业高尔夫球选手丸山茂树曾说过："高尔夫球很有趣，可高尔夫球也很痛苦。对高尔夫球来说这二者缺一不可。"

当一个人想要精进自己的水平、翻越自身面临的障碍时，总少不了痛苦相伴。但是，在迈过这道坎之后，就能迎来更大的喜悦、体验更多的乐趣。

保龄球也是一样。所谓保龄球运动，是一种将前方数米排列着的10只球瓶尽可能多地击倒的游戏。

如果只是为了追求击倒数，那只要把边沟（也就是球道两旁的沟槽）去掉就好了。边沟是保龄球最大的敌人。球一旦入沟，自然连一个球瓶都无法击倒，只会留下一个糟糕的分数。

然而正因为有边沟的存在，保龄球运动才如此扣人心弦。

人生同样如此。

我们每个人都有着自己想要达成的目标,但或许是来自上天的捉弄,才使得每天都会有无数难题、关卡、艰难、困苦出现在我们面前。

当事情不能如自己所愿地发展时,肯定会感到焦躁、生气或失落。

可人生本来就是无法称心如意的。

一有不顺遂就生气、失落,只会空耗时间。况且生气和失落,并不能带来什么。

焦躁也好、生气也罢,对人生而言都是没有必要的。

就连比尔·盖茨也在妥协

我认为,人生就是需要做出各种各样的妥协。再厉害的人,对生活中的许多事情也必须选择忍让和忍耐。

举例来说,作为世界上屈指可数的成功人士之一的比尔·盖茨,他每天的生活也充满了妥协。那么,我和比尔·盖茨的区别在哪里呢?对此,我进行了一番深刻的思考。

基于几条理由,我所得出的结论是:妥协的次数不同。

人每天都会经历很多次妥协,但妥协的次数因人而异。

假设人一天当中需要对10件事情做出判断,那比尔·盖茨妥协的次数就是3次,上市公司的董事长是5次,而普通人是8次……不同的人妥协的次数是不同的。一天内妥协的次数是3次或是8次,一年下来就有1800多次的巨大差距。我认为,这种妥协次数的差距就是人生的差距。

但妥协绝不是一件坏事。 任谁都会妥协。人生本就是需要做出各种各样的妥协。

重要的是如何尽可能地减少妥协的次数。 如果原本一天妥协8次,那就向7次努力;原本是妥协7次,那就争取只妥协6次。如此思考,人生才能向更好的方向发展。

多亏了那些接连而来的艰辛与失败

再来说一说人生的第三条规则"苦恼和喜悦都不过是包袱"。

一般而言,经商人士最能够大显身手的年纪是从30岁到50岁。那么,要想在这个年龄段大显身手,应该怎么做呢?

日本某家人才派遣公司曾针对活跃在商业领域的30～49岁的经商人士进行过问卷调查,试图探求他们之所以取得成就的秘诀。

在众多的回答当中,有一个共通点。

那就是,他们都在20多岁的时候经历过其他人在这个年龄段从未体验过的艰苦。不管是重大的失败,还是痛苦的回忆,他们都体验过很多负面的经历。

当我看到这份问卷调查时，也回顾了自身的经历。

我大学毕业后，在22岁时，进入了一家经营电话机、传真机、个人电脑等通信设备的公司，担任销售人员。入职之后，只有最开始的三天，是与上司或前辈一同外出跑业务。从第四天开始，公司就要求由我独自一人挨家挨户地上门推销。

"你就从大田区池上的中心区域开始，一家一家地跑下去。"

当时我既不知道该做些什么，也不知道该说些什么。但我知道，不行动的话什么都收获不到，于是下定决心，迈进了位于车站前的一家钓鱼用品店。这就是我销售生涯的起点。

第一次成功签下销售合同，是与大田区里的一家汽车部件生产公司。

当时我所能做的，仅仅是寻找"特定的销售对象"。

也就是先找到一家成立时间较长、使用的设备比较老旧的公司，然后频繁地进进出出。那时我每天都上门，"热情"之盛几乎到了"烦人"的程度。而且我根本没有多少关于自家产品的知识，营销话术也只会一句"设备这么旧了不如换成新的"，所以一旦发现合适的公司就死死咬住不放。

我入职的这家公司是所谓的"初创企业"⊖，当时正处在飞速发展的阶段。公司全体员工有500人之多，其中九成都是销售人员。与我同一批进入公司的有100人，但与上司或前辈之间并没有什么明显的年龄差距。

入职半年后，我突然被提拔为部门经理，有了自己的下属。

由于公司本身并没有设立人才培养机制，对下属的培训必须由经理来进行。

⊖ 初创企业：指以创新为核心，以开发新技术、提供新产品或新服务为特点，同时成立时间不长的企业。

然而我并不知道具体该怎么做。可为了尽到一个上司的责任,我一边从书本中学习培训方法,一边为敦促下属达成销售指标而拼尽了全力。

我当时经历了无数次的失败,可以说每天都在试错。

吃过苦的人和没吃过苦的人的差别

入职一年后,我久违地有机会和大学时代的朋友聚了一次。席间推杯换盏,聊了一些工作方面的话题,但我总觉得和他们聊不到一起去。

第二天上班,我和同事谈起了昨晚的疑惑,结果他也说自己有着同样的感受。

事后回想起来,我觉得这其实是理所当然的。

当时正处在泡沫经济的巅峰期,入职大企业的新员工都会受到"精心呵护",哪怕工作了一年,需要做的也只不过是给上司提提包而已。但是,对于进入初创企业的我们来说,半年后就突然有了自己的下属,不仅要与肩负着他人职业生涯命运的巨大压力战斗,还要在工作中取得成果。

而那些入职大企业的人,在成长过程中体验到的艰苦是完全不同的，这无疑影响了他们对商业的感觉。

《中田英寿：荣耀》一书中记载，前日本国家队足球运动员中田英寿曾将其他的日本队球员称为"如今这个年代的选手"。对此，作者小松成美这样写道：

"'如今这个年代的选手'，这说法风趣得叫人好笑。中田的年纪跟其他球员相比并没有多大差别，但是他的想法远比周围的人老成练达。先后在意甲联赛、英超联赛所积累的经验，给中田带去了能够全局把控赛场状况的客观性以及决不屈从于他人的坚定意志。"

这段评价所要表达的是，很早就走向海外、历经各种艰辛的中田英寿，与其他日本队球员相比，获得了更加显著的成长。

30岁退休制度

对于运动员来说,活跃在一线的时间大概是10年。

而一般来说经商人士的职业生涯长达40年之久,相较之下前者不过是他们的1/4,但这同时也意味着,运动员的时间有着更高的"密度",1年就相当于经商人士的4年。

前述的中田英寿,在1998年法国世界杯结束后,其赛场表现得到认可,从而成功登陆意甲联赛,转会佩鲁贾足球俱乐部。此番进入海外联赛,意味着他与自己先前效力的日本平冢比马队解除了合同,因此如果无法在接下来的比赛中取得良好成绩而遭解约,也没有一个能够回归参赛的日本联赛队伍。也就是说,这个选择无异于背水一战。

相比那些留在国内效力日本职业足球联赛的球员，中田英寿所要面对的是更加严酷的环境，无论是物理意义上的，还是精神意义上的。然而正是由于他执意将自身置于这样的环境中，因此成长迅猛。我想他就是基于这种感受才会用"如今这个年代的选手"来形容其他球员的吧。

无独有偶，我在入职之初，也曾半开玩笑地对同事说过："我们公司采用的是30岁退休制度，所以工作强度是其他公司员工的5倍。"我就职的这家初创企业工作强度确实很大，很多人无法承受繁重的工作量，到了30岁左右就会辞职。在这种环境下，相比那些就职于上市公司的大学同学，我感觉自己是在以5倍的速度成长着。

成功的经商人士与中田英寿的共同之处就在于，他们都在年轻的时候吃过苦，然后取得了巨大的成果。

但需要注意的是，一味吃苦是行不通的。为了从苦难中解脱而不断进行的试错才是获得成长的能量来源。《一郎的智慧》这本书中，介绍了活跃在棒球运动的"主场"——美国棒球大联盟西雅图水手队的一郎[一]选手的这样一番话：

"认为只要吃苦就能有回报，可以说是大错特错。同样是吃苦，也要考虑这苦该怎么吃。什么都不考虑，光是吃苦，肯定是不行的。只是沉浸在吃苦的状态中，自身是无法迎来改变的。总之就是要先思考，思考什么是无意义的，然后试着把它用语言表达出来，这样做的时候，往往就会得到某些启发。"

[一] 一郎：本名铃木一郎，但他在职业联赛中登记的姓名是写作片假名的"一郎（イチロー）"，故媒体与球迷也只以名相称。

过程比结果重要

你对现在所处的"位置"满意吗?

我所说的"位置",是指财力、能力、人际交往、健康状况、社会地位等。

不管满意不满意,我都希望你思考这样一个问题:是什么决定了你的人生处在现在这个位置上?

答案是,这取决于你过去有怎样的经历。

樱花树每年只会在三月末到四月初的时候盛开一次,仅在一周的时间内绽放美丽的花朵,把光彩展现给世人。它历经酷暑与寒冬,只为了这一周的绽放而竭尽全力地活着。

人类也是一样。要想"光彩照人",必须经历同等的艰难与困苦。

我们可以回想一下高中棒球锦标赛。从夏季举办的全国高等学校选拔赛预选赛开始，到甲子园⊖的决胜战，前后不过两个月的时间。整个大赛持续的时间很短，可为了收获那一瞬间的喜悦，无数高中学生每天都要尘土满身地追着球在训练场上狂奔。

但至关重要的正是这每一天的努力。

你可曾登上过富士山的山顶？

同样是登上山顶，搭乘直升机花费 10 分钟的时间前往是一种方法，从山脚开始一步一步走到山顶也是一种方法。

你不妨设想一下，花 10 分钟便抵达的心情，与从山脚开始，花费漫长的时间，只依靠自己的双脚，感受着途中无数的痛苦与艰辛，最终抵达山顶时的那种心情的差异。

⊖ 甲子园：指位于日本兵库县西宫市的阪神甲子园球场。

哪一种更有成就感、更具充实感呢？

历经艰难困苦，花费大量时间，依靠自己的双脚登上山顶，所获得的显然要更多。

人无法从结果中学到什么。人是一种只能在过程中进行学习的生物。

如果省略了过程而直接获得结果，会是怎样的情况呢？如果有足够的运气，是有可能直接获得结果的。但是相比那些经历了过程的人，前者能学到的东西很少。若以长远的眼光来看，这种学习程度上的差距将会不断被放大。

我是个典型的凡人

我听说，近年来不喜欢努力的人正在增加。可是，不努力的话，真的能过好自己的一生吗？

人们常说，**成功者只占世人的 2%**。这样说来，世上就有 98% 的人，要接受自己是个"凡人"的事实。

既没有特殊才能，又没有独特能力的这 98% 的凡人，要怎样才能成为那 2% 呢？

唯有"努力"二字。

如果不能接受自己是个凡人的事实，进而明白拼命努力的必要性，是绝无可能走好人生道路的。

我就是个典型的凡人，也从未在某一方面倾注过全力。大学时代，我既没有热衷于体育运动，学习成绩也是平平无奇，可以说是个一无所长的普通人——一个彻底的凡人。

提高"人生的免疫力"吧

相比他人,我在更早的人生阶段就肩负起了重担,承担了重大的工作。在年轻的时候,体验过很多,也经历过很多次的失败。

在人生中较早的阶段所经历的小失败、小挫折,是在为后面的人生"免疫"。通过体验这些失败与挫折,人生的"免疫力"会逐步提升。当具备一定的"免疫力"之后,哪怕面对突发事件,也能凭借这份"免疫力"加以应对。

具体来说,我们能从失败与挫折中学习到处理事情的方法和控制情绪的技巧。这些都有助于"不生气"原则的实践。

对身体来说也是同样的道理。有这样一个例子。某个国家的某个小镇上有很多蟑螂。为了彻底消灭这些蟑螂，小镇开展了大规模的驱除活动。可不知为何，小镇上的病人却增多了。经过一番调查才发现，这是因为随着蟑螂被驱除殆尽，很多杂菌也因此被消灭，这导致了小镇居民们免疫力的下降，从而使得病人的数量增多。为此，这个小镇不得不适当地放任了一小部分蟑螂的"死灰复燃"。

正如身体免疫力的增强能够提升自然治愈力，一个人的愤怒也会随着"免疫过程"而增强"免疫力"，继而使"控制愤怒"的这种"治愈力"得到提升。

就是要让孩子经历失败

如今这个年代,很多家庭都只有一到两个孩子,家长不再会像从前那样顾不过来,提前为孩子做好规划与安排的父母在不断增多。不管孩子做什么事情,他们都要手把手地从旁协助,保证一切都顺顺当当,绝不允许孩子经历任何失败。

这就夺走了孩子学会克服困难的机会,属于"授人以鱼,而不授人以渔"的行为。

的确,如果父母凡事都要插手,始终在旁保证事情的顺利发展,孩子也就不会感受到什么压力。

但是这种环境能够维持多久呢?

父母能够无微不至地照顾孩子的时间是极为有限的。一旦开始集体生活,孩子的个人要求,就再也无法像过去那样受到理所当然的重视。此时,一个小小的失败都会让孩子倍感压力，进而爆发情绪。这就是因为情绪控制能力不足所导致的。

孩子必须反复地经历小失败才能有所成长。可是很多父母为了不让孩子经历失败，总是提前做好安排，这就很成问题。比如孩子摔倒了，不应该立刻伸手搀扶，而是要让他学会自己爬起来，这种有意的放任往往才是推动孩子成长的关键所在。

经历许多小失败的好处，在于能让身体自主地领悟自我恢复的技巧。年轻的时候，最重要的就是要不断挑战，不断经历失败与挫折。

下一次机会

我们真正需要去恐惧的，不是挑战失败，而是根本不去尝试。当然，第一次尝试的时候，任谁都会害怕失败。

可如果就此裹足不前，什么都不会改变。更有甚者，若一味维持现状，只会让自身变得陈腐，增加被时代抛弃的风险。本田宗一郎[一]曾说过这样一句话："所谓成功，是由 99% 的失败所支撑起来的那 1%。"在绝大多数情况下，挑战都会以失败而告终。

但失败本身并不是坏事。

只要我们能够从失败中学到些什么，那失败也就不再称之为失败。

[一] 本田宗一郎：日本本田汽车的创始人。

2005年时，带领职业棒球队伍"千叶罗德海洋"队时隔31年重夺日本冠军的教练巴比·瓦伦泰在面对遭遇失败的球员时，不会说"别灰心"（Don't Mind），而是会说"等下一次机会"（Next Chance）。

对那些失误了的或是被三振出局的选手，他从不破口大骂、高声斥责，而只是轻拍对方的屁股，说："等下一次机会。""**失败也不要紧。因为你有能力做好，所以等下一次机会到来时努力就行。**"他向"罗德"的年轻球员持续灌输着这样的信念，不断推动着那些因失败而裹足不前的球员迈过自己心里的那道坎。正因如此，球员们才获得了成长。

跳过过程而获得的结果算不上好结果

这个世界上,既有已经在从事自己理想中的工作的人,也有为了将来能够从事自己想做的工作,而正在忍辱负重的人。

此刻的你,属于哪一类人呢?

我从几年前开始,就已经在从事自己想做的工作了。那就是我梦寐以求的教育培训事业。

曾经,我也从事过自己不感兴趣的工作。

但是,为了能在将来从事自己想做的工作,我在面对不想做的工作时也同样努力,为的就是锻炼和提升自己的能力、积累和增加自身的资历。如今,我又奋力投身到眼前的事业当中,继续努力提升自己的能力和资历。

然而有很多人认为，只要能获得结果，过程根本不重要。

有这样一个例子：

由于电脑系统的故障，取飞机票的柜台前排起了长列。这些需要坐飞机的人，虽然心里不满，但也只能耐心等待。

这时，一名男子突然发起脾气来。

"开什么玩笑呢？我很着急，快把票给我！"

他态度蛮横，对工作人员纠缠不休。

不久之后，这名男子被工作人员偷偷叫到一旁，优先获得了机票。

的确会有人像这样，靠闹事获得好处。

但是，这种人是不可能笑到最后的。如果在自己眼皮底下发生这样的事情，恐怕很多人都会感叹这个世界就是"会哭的孩子有奶吃"。

可就算通过闹事获得了一时的好处，以长远的眼光来看也是有害无益的。省略了过程而直接获得结果，并不会对往后的人生产生任何实质性的帮助。

因为人是通过过程来学习，从而获得成长的。反复地通过闹事来走捷径，总有一天会自食恶果。

我听说在麦当劳的厨房里，是没有人戴眼镜的。因为镜片遇到热气会起雾，导致白白浪费擦镜片的几秒钟时间。而在丰田汽车公司中，为了缩短哪怕一秒钟的生产时间，公司每天都在进行着"KAIZEN（改善）"⊖。同样地，无数上市企业也在为了提升生产效率，每一天都在竭尽全力。

公司上市同样如此，不是说今天想要上市，明天就能实现。为了达成目标，过程中一点一滴的积累都是必须的。

⊖ KAIZEN：日本丰田公司所倡导的一种强调自我审视、自我提升的企业文化，音同日语中的"改善"。

第 2 章
你的情绪由你自己来决定

不 生 气 的 技 术

生气对眼前发生的事情来说没有任何意义

人们会说:"这真让人生气。"

人们也会说:"这真让人伤心。"

这个"让"字,意味着生气和伤心都是因他人的言行而引起的,也就是说责任是在对方的身上。

可是生气着的、伤心着的,都是自己。对方那些"让人生气""让人伤心"的言行,不过是引发对应情绪的契机而已。

而决定生气还是不生气的是你自己。

并且,生气与否,对眼前所发生的事情来说没有任何意义。

因为意义是要由你自身来赋予的。

松下电器的创始人松下幸之助，总结了自己获得成功的三个要素：没有学历、体弱多病、家境贫困。没有学历，所以拼命地学习；身体病弱，所以戒烟戒酒，保持身体健康；家境贫困，所以拼命工作、努力挣钱。

绝大多数人都会把没有学历、身体病弱、家境贫困等看作是人生路上的绊脚石。然而，被誉为"经营之神"的松下幸之助，却将这些消极因素转化成鞭策自己的积极动因，从而挪开了绊脚石，走上了一条成功的人生道路。

左右心态的不是事情本身，
而是看待事情的方式

我的外甥在高中里加入的是橄榄球部。

训练当中，一位学长打开一瓶水，喝了几口之后就这么放在一边，导致瓶口上沾了些尘土。但这位学长仍然继续喝这瓶水。目睹此景的外甥心想：这不就把尘土一起喝下去了吗？也太脏了。

他跟学长说了这件事，结果对方回复道："你傻啊，这样不就变成一瓶富含大地母亲恩惠的矿泉水了吗？"

当然了，这话多少有些开玩笑的成分在里面，但反映出来的却是对同一件事情的不同看法。我的外甥觉得瓶口沾了土的水很脏，可他的学长却感谢起了"大地母亲的恩惠"。这说明，对同一件事情，如果看待或思考的角度不同，所获得的感受也会大不相同。

对于眼前发生的事情，自身为其赋予怎样的意义决定了我们或是焦躁、或是生气。

也就是说，**生气还是不生气，完全是由自己来决定的**。

面对任何事情，人都是自己选择将要采取什么样的行动。所谓生活，就是每一天当中所做出的成百上千次的选择。

这些选择的"品质"，能够改变人生的品质。

我也并非从一开始就能够意识到这一点。

面对那些令人心烦的事情，过去的我也总是生气，并且丝毫没有意识到生气是由我自己做出的决定。

可事实上呢？我不过是在面对这些事情的时候，为自己选择了一份"厌烦"的情绪而已。

比方说，上班迟到的时候，上司劈头盖脸地大骂了一句"蠢货"。对此，你或许会满腔不忿，心想："有必要说得这么过分吗？"但换个角度，你也可以对自己说："既然我迟到了，那么挨骂也是理所应当。"

对于同样一句苦口婆心的劝告，有的人会生气，认为对方很啰唆、多管闲事；也有的人会感激，认为对方是为了自己好。

由此可见，左右心态的不是事情本身，而是看待事情的方式。这话反过来说也成立：情绪是会随着主观意志的变化而发生改变的。

对同一件事情，不同的思考方式会改变结果

事情本身不会改变结果。改变结果的是看待和思考这件事情的角度与方式。很多时候，我们自认为100%正确的事情，其实并非如此。

就比如"太阳东升西落"。

这是一个"事实"吗？不，这只是一个"现实"，只是"看上去如此"。事实上，地球是在绕着太阳一边自转，一边公转。

太阳总是东升西落这个"现实"，使我们的判断出现了错误，形成了一种先入为主的观念，导致我们忽略了"现实"背后的"事实"。

对同一件事情，存在着各种各样的看法。

比方说，职业棒球队伍"读卖巨人"队输了一

场比赛，这使得巨人队的球迷非常伤心，可对于那些讨厌巨人队的球迷来说却值得庆贺。所以我们必须首先意识到，在看待一件事情时，可以有着许多不同的思考方式。

让我们假设有这样两个推销鞋子的销售人员。

他们二人受公司的指派，来到了非洲某个完全没有穿鞋习惯的地方。

第一名销售人员，他发现当地根本没有人穿鞋子后非常生气，认为鞋子不可能卖得出去，于是直接回去了。回去的路上还大发雷霆，心里责怪上司根本没有进行过调查就把自己派到这里来。

然而第二名销售人员却非常高兴，他认为自己发现了一片谁都没鞋穿的全新市场，在这里鞋子肯定能大卖。于是他联系公司调来了几百双鞋，开始沿街叫卖，最终鞋子如他所愿地被销售一空。

同样是面对不穿鞋的人，这两名销售人员不同的思考方式，对他们最终获得的成果产生了巨大的影响。

改变思考方式，就能控制情绪

让我们假设这样一个场景。你原本打算收看9点播出的电视剧，到10点看完后开始学习。可到了9点半，电视剧的剧情正渐入佳境的时候，母亲突然对你说："你看电视要看到什么时候？还不赶紧去学习！"此时你心里会怎么想呢？

我想大体上来说有以下三种情况。

（1）激起逆反心理而不去学习。"真啰唆，我都计划好了10点钟开始学习，被这么一说反而搞得我没心情了。今天就算了，明天再努力吧。"

（2）虽然很不情愿，但拗不过母亲，只好选择回到自己的房间。不过既然原本计划好了10点开始，那就等到10点。由于回房间的时间是9点半，所以悠闲地看了30分钟的漫画书。

（3）同样是很不情愿，但心想："母亲这么说并不是因为讨厌我，而是马上就要考试了，她担心我的成绩，才督促我赶紧去学习。这30分钟里，我可以多记住三四个英语单词。每天花30分钟多记3个单词，30天就是90个，那1年就能多记住1000多个。也就是说这30分钟是白白浪费还是用来记单词，结果可能会有1000多个单词记忆量的差别。这么想的话，如何利用这30分钟所产生的差异还是很大的。既然母亲给了我这样一个机会，那我也别浪费，应该用来努力学习才是。"于是收拾心情，坐到了书桌前。

这三种情况中，哪一种人最有可能取得成果呢？

当然是第三种了。像这样，转变了思考方式之后，我们也就犯不着生气了。

愤怒由自己的情绪产生

即使听到的是同一句话,也会因为当时情绪状态的不同,而使得应对方式产生很大的差异。

焦躁的时候听到某句话,和冷静的时候听到,产生的反应是截然不同的。

打个比方,公司里的一位下属来找你商量:"和 A 公司的合同没有谈拢,这可怎么办呢?"

如果此时你正因为自己的工作不顺利而内心焦躁,会出现什么样的情况呢?

"蠢货!搞成这样还不是因为你太笨了!你马上给我去 A 公司,要是事情谈不妥,你也别回来了!"

或许会像这样大发雷霆吧。

但如果此时你的情绪比较放松呢?

"这样啊。你先跟我说说具体情况吧,我们一起来想办法。"

或许就能像这样冷静地处理了。

再比方说,下属就工作中的疑问来找你商量。

如果此时你满心焦虑,没准会采取一种粗暴的方式进行回应:"这种小事,这样处理不就行了吗?"

可这不过是把当下的个人情绪,发泄到了恰好过来找你商量的下属身上而已。下属成了受害者。他也许会因此心生不满:为什么要说得这么过分呢?

同样是商量工作,如果此时你的心情愉悦,没准就会回应道:"是这样啊。那你是怎么想的呢?"就能像这样以一种教育下属的心态展开对话。

心情焦躁的时候,人们更倾向于以消极的态度待人接物。但是,若能冷静应对,即便是同一句话、同一件事情,也会产生全然不同的感受。

育儿中的焦躁也是如此

在育儿的过程中,也有着相同的情况。就拿哄孩子睡觉这件事来说吧。

假设此时你手头还有工作没做完,希望孩子能早点睡觉。这种情况下,如果孩子迟迟不肯睡,你自然会心生焦躁,免不了要咆哮几句:"赶紧睡觉!""你怎么还不睡!"

但如果你自己也打算去睡觉了,就不会那么在意孩子睡没睡,也就能更心平气和地跟孩子说话。

同样是面对"孩子迟迟不肯上床睡觉"的状况,当前的情绪无疑会改变自己看待这件事情的方式,进而影响对待孩子的态度。

人总是会因为一些小事使情绪产生变化。而这种情绪变化会改变对同一件事情的看法,也会改变对他人的回应方式。

如果能够始终保持平稳的心态,就能极力避免只关注话语或事情的不好的一面,对待他人的态度也会变得更加温和。

带着焦躁的情绪做事,本身就是得不偿失的。首先动作就会变得漫不经心,而漫不经心地做事,就难免弄坏什么东西,给周围的人带去不好的影响,这些又会进一步干扰自己的情绪,从而产生各种纰漏。

接受"价值观的差异"吧

"真恼火""太气人了""不可理喻",这些从心底里不断涌上来的焦躁情绪,很多都产生自价值观的差异。

假设你是一个工作效率很高的人,那么,你自然会对工作效率低的人产生焦躁情绪。如果你自身性格开朗,自然会对性格阴沉的人产生焦躁情绪。以此类推,爱好整洁的人会介意不修边幅的人;神经敏感的人会介意粗枝大叶的人;守时的人会介意不守时的人……

但是,这类焦躁情绪仅仅是源于对方与自身价值观念的差异;仅仅是因为对方做事的方法和自己不同,而令自身感受到了焦躁。

可对对方来说,他会认为这么做没问题,会认为自己的行为是正常的。因而你所感受到的焦躁不是对方的问题，而是你自己的问题。你只是单方面地感受到了焦躁而已。

所以，你需要改变的是看待事物的方式。

比方说，你正在对一位工作效率比较低或是工作中经常出错的新员工感到焦躁不已。这时，你不妨转换一下思维："我当年刚入职的时候，不也跟他差不多吗？"

再比方说，你正在因为一位哭个不停的孩子而感到焦躁。这时，你可以这样想："在我自己还是个孩子的时候，不也是整天这么哭个不停吗？""人们不是常说，'孩子是哭大的'吗？"

"我可不想跟这个人说话"

我认识的一个人曾这样自夸道:"我还从来没有在跟人辩论时输过,因为我会一直说到自己赢为止。"

听闻此话,我顿时产生了"我可不想跟这个人说话"的想法。

因为他根本没有弄清楚"辩论"的目的。所谓辩论,是指将"意见A"和"意见B"加以综合,最终得出一个"结论C"。反观这个人,却只考虑着如何将自己的"意见A"强加给他人。

开会的时候,一个人提出了自己的意见,另一个人表示反对。辩论越来越激烈,双方争执不下,都认为自己才是正确的。

可真要说起来,其实两边都是"正确"的,只是意见有所不同而已。承认对方有着不同的意见并加以接受是非常重要的，因为我们并没有否定对方的权利。

并不是说对方的意见和自己不同，他的意见就是错的，这只能说明对方有着不同于自己的思考方式。我们可以按照自己的思考方式提出不同的看法，但没有权利、也不应该去否定对方的意见。

一味地将自己的意见强加给他人，只会徒增彼此的焦躁情绪，最终演化为争吵。

如果一个人坚信自己是对的，就会把所有的错归结到对方身上。若凡事都认为错在他人，那么，任何一件小事都有可能引发焦躁情绪。

自己真的是正确的吗？

遇到这样的情况时，我们有必要更加客观地审视自己。

我们不能总是认为自己的想法是正确的，而是要时刻保持疑问："自己真的是正确的吗？"

若重新思考过后仍认为自己是正确的，那当然没有任何问题。

但是在重新思考自己是否正确的过程中，也有可能产生别的想法："刚才我是这么想的，可换个角度思考也未尝不可"，"仔细想想，对方所说的情况也不是不可能，我的想法也不能说一定就是对的"。

通过进行这样的思考，我们就可以转换看待事物的方式和思考的方式，并从中获得学习与成长。

从朋友的话中感受到的愤怒情绪因何而起？

具体来说，当我们被愤怒情绪支配时，不能认为这种情绪全都是正确的，而是要始终保持对它的正确性的怀疑。

当然了，我们往往也会因为对方正确的指责而心生焦躁。

那是我刚步入社会时发生的事情。某天一觉醒来，发现距离上班时间只剩 30 分钟，我一下子慌乱起来，也顾不上洗脸刷牙，穿上衬衣、披上西装外套就直接朝着公司一路狂奔。

到公司的时候正赶上晨会开到一半。50 多名营业部的成员，视线全都集中到我一个人身上。

"对不起！我睡过了头，迟到了。"我赶紧道歉。

没想到一名同事却突然说道："怎么，你连在电车上系好领带的时间都没有吗？"

当时我手中正握着领带。在听到他这番话的同时，我只觉得血气上涌，满腔愤怒，心想："你这家伙为什么非要当着大伙儿的面批评我？"

但是，当我回到自己的位置上，一边参加晨会一边冷静思考，才发现他说的根本没错。在电车上，我明明有的是时间把领带系好，却还是慌慌张张地把领带抓在手里来到公司，就好像是在作秀一样，试图表现出自己虽然迟到了，但为了赶来公司已经竭尽了全力。

那么，我因这位朋友的话所感受到的愤怒情绪是因何而起的呢？

这只能是因为他的话真正戳到了我的痛处。因为他直白地指出了我不愿面对的问题，这才引发了我的愤怒情绪。

别被情报左右了情绪

情报是会被传递它的媒介所扭曲的。就如传话游戏一样，传话的内容会因人与人的口耳相传而不断发生变化。

我认识的一个人，他经营的公司采用的是这样一种经营方式：在制定好一整年的公司业绩指标后，把它分成 11 份，然后用 11 个月的时间去完成。最后一个月，虽然偶尔也会用来填补未能达成的经营目标，但主要还是用于回馈外勤员工或顾客，以表达这一年来的感谢之情。

可如果这最后一个月的工作内容，被人为地略去了呢？

"听说那家公司要求员工用 11 个月就完成全年指标呢。"

"那剩下的一个月做什么?"

"嗯……这我倒不清楚,多半是争取把业绩做到 120% 之类的吧。"

"把业绩指标的 120% 当作义务,这公司也太过分了。"

像这样,情报便随着"略去"和"夸张"发生了极大的变化。

同样的还有"同化",即情报传递者会根据自己的想象,擅自替换掉情报的内容。

比方说,当听到"一个穿西装的男人坐在那里"这个情报时,传递者的大脑会擅自将"穿西装的男人"替换为"上班族",从而使情报的内容变成"一个上班族坐在那里"。

另外,在一个相对封闭的人际关系网络当中,如果两次听到同一条情报,人们就会倾向于将其当作"大家都知道的事情",而使得原本半信半疑的情报得到"确信"。

比方说,如果你只是听 A 说"某某在背后说你的坏话",心里可能还将信将疑;这时如果你又听到 B 对你说了同样的话,就会确信这件事是真的。可如果这句话也只不过是 B 从 A 那里听到的呢?

所以,我们大可不必因情报喜一阵忧一阵。

只要不是自己耳闻目睹的事实,都有可能因为他人的转述而变成错误的情报。因听信流言蜚语而生气、焦躁,纯粹是浪费时间。

生气是大脑的老化现象

内心的老化也会成为生气的原因。

有时候,我们可能会觉得,上了年纪的爷爷奶奶、外公外婆变得比以前孤僻,说起话来也更加固执。

我想这其实是因为他们感受到了寂寞,认为不再会有人关心上了年纪的自己。

认为上了年纪的自己缺乏存在的价值可能也是原因之一,这与不少人在退休后所感受到的寂寞是一样的。也有可能是出于明明在努力交谈,别人却没有听进去的那种寂寞。总之,我认为这是老人家们内心情绪的外在反映。

总是抱怨不公、表达不满的人,时常感到焦虑、心怀烦恼的人,看起来总是显得比实际年龄更加苍老。相反，身体健康、笑容满面的人，对凡事都保持好奇心，或者说有自己爱好的人，则更有活力，看起来也显得更加年轻。

像这样，情绪和思维的不同会对一个人的外在年龄造成巨大的影响。

同样的，内心的老化会冲淡喜怒哀乐等激情，消磨人的意志和精力。如果你感觉自己正在变得啰唆、易怒、多愁善感，莫名感到不安，性格日渐孤僻，格外在意自己是否得病，那么不妨先试着让自己的内心放松下来。

思考方式和思想准备会影响人生的成果

人生的成果是如何产生的呢?

树木由树根生出树干,由树干生出枝叶,然后才结出果实。

人生成果的取得与之非常相似。

首先,对事物的看法、思考方式和思想准备构成了"树根"部分。

下页图中的"树干"部分是知识和技术、技能、技巧。"枝叶"的部分是行动、态度、姿态,最后才是作为成果或结果的"果实"。

看待事物的方式·思考方式·思想准备

实际上，这个世界上的一切都是由人对事物的看法、思考方式以及思想准备而派生出的现象，都是由人心创造出来的产物。

你眼前的一切都是如此。

比如说，任何一件商品的诞生都是因为有人萌生了这件商品的诞生能为生活提供便利的"想法"，是从这个人对事物的看法、从他的思考方式中派生出来的现象的产物。

因此，如果想要获得更好的成果，就必须重新审视自己对事物的看法、思考方式与思想准备这些"树根"部分的内容。

听说植树专家只要看一眼根部就能了解一棵果树的全部：根部能够充分地向四周伸展的果树，才能结出丰硕的果实。所以，如果我们想要收获甘甜的果实，那么首先就要从根部开始留意。

你为了什么而活着?

有这样一个故事。三位砖瓦匠正在修建一座巨大的修道院,据说要花上一百年的时间才能完工。有人问这三位砖瓦匠:"你在做什么呢?"

第一位砖瓦匠没好气地回答道:"看了不就知道了?我在砌砖呢。这工作累得真叫人受不了。"

面对相同的问题,第二位砖瓦匠回答道:"我在砌砖建造墙壁。工作虽然辛苦,但工资还行,所以选择在这里工作。"

第三位砖瓦匠针对同一个问题这样回答道:"我在为了修建修道院而砌砖。修好之后,这座修道院应该会成为很多信徒的心灵寄托吧。能够做这份工作,我觉得自己非常幸福。"

自那之后过去了十年。

第一位砖瓦匠还是和过去一样，一边抱怨一边砌砖。

第二位砖瓦匠为了追求更好的待遇，选择在修道院的屋顶上工作，工资更高但也更加危险。

第三位砖瓦匠则学会了许多知识和技术。他被任命为督工，全权负责施工，并且还培养出了许多工匠，最后连修道院都以他的名字来命名。

这三位砖瓦匠之间的区别在哪里呢？

区别在于，他们对砌砖这份工作怀有截然不同的使命感和充实感。

总而言之，区别在于他们的思考方式。

这就是"树根"部分的区别。他们对于工作的心态、看待工作的角度、思考方式等都不相同。

哪怕是给新干线的车轮拧螺丝的琐碎工作，如果没有人愿意做，那么新干线也无法被制造完成。

不管多么琐碎的工作都不懈怠,在工作中感悟着这份工作能够给多少人带去影响,这些都会令工作的成果发生变化。

人生也是同样的道理。对自身该如何生活的思考,决定了人生是硕果累累还是一无所获。

第 3 章

掌控情绪就是掌控人生

不 生 气 的 技 术

过去无法改变,能够改变的是未来

是什么成就了现在的你?

当然是你的"过去",是过去的你的所作所为。

过去的你播下怎样的种子,决定了如今的你成长为怎样的自己。尽管播下的种子有好有坏,各有不同,但你的现在总是由过去播下的种子所结出的果实。

如今你所面对的愤怒也是如此。因为过去的你做了些什么,才使得现在的你面前出现了令人生气的局面。

更加准确地说,是过去的你所形成的价值观,决定了现在的你从眼前的事实中感受到了不愉快。

不管过去是糟糕还是美妙,终究是过去了,无法改变。

但另一方面，也存在着能够改变的东西。

那就是"未来"。未来，以及未来的自己，都是可以改变的。

十年后、二十年后的你会做些什么呢？ 这取决于你从现在开始想要做些什么。这就是你现在要播下的种子。你从这个瞬间开始播撒下的种子，会改变你的未来。

过去的你播下了怎样的种子呢？

当年播下的种子生根发芽，绽放出花朵——这就是现在的你。而十年后、二十年后能否开出如自己所愿的花朵，完全取决于此刻你所播下的种子。若此刻你播下的是更高质量的种子，那么你就能够迎来更加光明的未来。

松下幸之助与松井秀喜的话语

在这里,我想介绍一段松下幸之助的故事。早年,松下幸之助立志从事与电力有关的工作,但未能如愿,只好暂时在一家水泥厂打工。由于工厂建在人工岛上,当时他每天都要乘坐蒸汽船上下班。

夏季的某一天,蒸汽船上的松下幸之助倚靠船舷而立。一位船员经过他面前时,不知为何一脚踩空,然后竟然带着松下一起翻身掉进了海里。在海中挣扎了很久之后,赶上蒸汽船返程,松下才侥幸获救。

对于一般人而言,遇到这种无妄之灾,恐怕早就火冒三丈了吧。就算是对着那名船员大发雷霆也不稀奇。

可松下幸之助并没有生气,甚至他还庆幸,好在此时是夏天，才能撑到蒸汽船返航将自己救起，他认为自己非常走运。

从这段故事中我们可以学到的是，控制自己的情绪，并将意识专注于事物的好的一面是非常重要的。

就算是对那名船员大加指责，落水的事实也不会发生改变。所以松下幸之助的卓越之处就在于他没有对无法改变的事实生气，而是更加关注"好在是夏天才能得救"这个方面，并将之转化为一种对自身"非常走运"的自信。或许正是这样的思考方式，不断促成了他今后在商业领域的成功。这可以说是通过掌控情绪而掌控人生的典例之一了吧。

另外，我还想分享这样一段话。效力于美国职棒联盟纽约洋基队的球员松井秀喜，曾在他的著作《绝不动摇的内心》中，谈到了自己挥棒落空时的心境：

"我会把懊悔收进心底。不这么做的话，下一球还是有可能失败。相比无法控制的过去，我选择专注于能够改变的未来之上。如果不这么思考的话，是无法坦然面对自己的失败的。感到生气，感到不满，都是无可避免的，人总是会这么想，这是自己控制不了的。但是，要不要把这股情绪说出口却是自己能够决定的。正是这一线之隔，让我感觉自己能够掌控自己。"

电车不来,公交不来,电梯不来

人生当中,有能够靠自己的力量改变的东西,也有靠自己的力量改变不了的东西。如何区分二者,从而更加有效地分配时间,也是成功的诀窍。

举例来说,改变不了的东西当中,最有代表性的就是天气。

假设你跟人约好了在休息日去迪士尼乐园。

你内心充满了期待,甚至这天起得比平时还要早。紧接着你打开窗,发现外面是瓢泼大雨——这可真让人扫兴。不管是谁,此刻的情绪恐怕都会跌落到谷底吧。

可面对这场大雨,你什么都做不了。再怎么求神拜佛,雨也不可能说停就停。这就是处在你的能力范围之外的事情。

反过来说，持续放晴而不下雨，又会造成干旱问题。然而纵使作物枯萎、水库干涸、供水中断，雨也不会说下就下。

这样想来，日常生活中靠自己的力量无法改变的事情真的是太多了。

比如，电车不来，公交不来，电梯不来。

当电梯迟迟不来的时候，很多人都会焦躁地不停地按电梯按钮。可不管是按一下还是按五下，电梯都不会说来就来。

这就属于对着无法改变的事情白白消耗自己的心理能量。

晴亦喜，雨亦喜，凡事皆喜事

那么，我们该怎么办才好呢？

只要稍微改变一下自己努力的方向和思考的方式就可以了。

首先，将自己的心理能量集中分配到能够改变的事情之上。然后，对于那些无法改变的事情，思考自己该如何去接纳。

有一句话我非常喜欢。

"晴亦喜，雨亦喜，凡事皆当作喜事，才是繁荣之道。"

我是在某本电子杂志上一篇叫做《繁荣的法则》（藤井胜彦 著）的文章中发现的这句话。

这篇文章是这样讲述的：

盛夏时节，在烈日当空的环境下外出工作，人难免会心生不满："太热了受不了，就不能凉快点吗？""如果是阴天该有多好啊。"而下雨的时候，又会觉得："下雨打湿衣服太讨厌了。""撑伞太麻烦了。""开车的时候视野一片模糊，很不方便。"

但不管是天晴还是下雨，我们都应该心怀感激。

应该摆脱以自我为中心的思考方式，尽量从更宏观的角度去思考问题。

不仅仅是天气。对于任何不合自己心意的事情，我们都应该养成一种习惯，即在心生不满之前，以一种更全面、更宏大的视角进行思考。如此一来，才能掌握幸福，收获繁荣。

文章的意思是，我们不能只从一个视角去看待问题。如果换个视角，就会有新的感受。

就拿下雨来说，这本身是无法改变的。

但我们没有必要纠结:"下雨真烦人,为什么会下雨呢?"

而是可以这样想:"下雨了啊,连续放晴之后下场及时雨也不错。"

或者是:"下雨的话,庄稼人应该会很高兴吧。"

你无法改变他人

和过去一样,他人也是我们无法掌控的因素。

哪怕是上司,也无法完全掌控下属;就算是父母,也无法完全掌控孩子。

在我创办公司之初,业绩的增长并不理想,这令我始终在思考:要怎样才能推动下属行动起来?有没有什么诀窍?

当时,我在出席某个讲习班的时候,曾向讲师问道:"当下属无法按照自己的想法行动时,你会怎么做呢?有没有什么诀窍能教教我呢?"

没想到这位讲师露出一副相当惊讶的神情。他说:"**你在说什么呢?试图控制别人本身就是一种很可笑的行为。作为上司,重要的是如何创造出令下属自觉行动起来的环境。**"

我顿时无言以对，脑袋就像是挨了一记闷棍那样"嗡"地一声。

迄今为止，我始终在思考如何才能让下属按照自己的想法来行动，但这种思考本身就是错误的。

无论上司的做法、想法再怎么合理，只要下属不能认同并自觉行动的话就没有任何意义。

在这种状态下强迫下属行动起来，或许短期内可行，但绝不会长久，更不会获得想要的结果。

"试图控制别人本身就是一种很可笑的行为"，这句话狠狠地"敲"醒了我，令我彻底改变了管理风格，促使我转向"幕后"，开始为下属提供扶持和帮助。

于是下属果然变得勤快了起来，公司业绩也获得了提升。

很多父母为了把孩子培养成自己理想的样子，也不管孩子乐不乐意，总是强迫他们学习。但为人父母，相比于依靠强迫手段，更应该思考的是如何令孩子愿意主动去学习，以及为此自己应该做哪些事情。

父母打着关爱孩子的旗号，滥用为人父母的特权。对于不听话的孩子，凡事都采用强迫手段，这不过是一种无视孩子人格的任性妄为而已。

对于这种类型的父母，我希望他们能够好好学一学"关爱"的真正含义。

情绪会给行为带来巨大影响

情绪会给行为带来巨大的影响。

比方说,去看黑帮片的时候,你不妨观察一下电影院的门口。你会发现从里面走出来的人个个都是耸着肩、皱着眉,一副叫人害怕的神情。这是因为他们看了黑帮片后,情绪被调动起来,下意识地模仿起了电影中的人物。

同样的,从矢泽永吉的演唱会场馆中走出来的人,也都会变成"阿永"⊖的模样。这就是情绪在不知不觉中对行为产生了影响。

在我常去的一家健身房中,跑步机上会附带一台很小的电视。

⊖ 阿永:歌迷们对矢泽永吉的爱称。作为日本最富盛名的摇滚巨星之一,矢泽永吉的着衣风格与举手投足始终受到歌迷们的争相效仿。

某天，我在跑步的时候瞥了一眼画面，发现上演的是一出充满了感情纠葛的电视剧。我边看边跑，结果很快就没了干劲。

相反，如果在看的是轻松愉快的节目，想必我就能跑得很畅快。这就是说，无意间看到的电视节目也会对人的行为产生影响。

情绪和行为就好比是汽车的两个车轮，它们彼此配合，绝不会转向不同的方向。

比如，你会一边蹦蹦跳跳一边生气吗？人在开心的时候才会又蹦又跳的，一边跳一边生气反倒别扭。人在蹦蹦跳跳的时候，很容易笑出声，但很难生气，这反映的就是情绪与行为的联系。

一流与二流的差别

就像我们前面谈到的,这个世界上有我们能够改变的东西,也有我们改变不了的东西。

说起能够改变的东西,其中之一就是我们自身的情绪——我们是可以掌控自身情绪的。

假设某个人的工作状态让你感觉很焦躁:他不仅工作速度慢,工作流程安排得也很糟糕,总之看着就心烦。此时对你而言,如果想让他一下子提高工作速度,完善流程安排,绝不是件容易的事情。

相反,要改变正在焦虑的自己就很简单了——只要改变自己的思考方式,改变看待对方的态度,也就不至于对眼前的事情感到生气、感到焦躁了。

要知道,**成功人士大多是控制情绪的高手。**

比如说 MLB(美国职棒大联盟)的一线选手,

每个人都很擅长控制自己的情绪。在收看 MLB 的比赛转播时我也发现，一流的投手只要站上投手丘⊖就会变得面无表情。

就拿效力于波士顿红袜队的投手松阪大辅来说吧。

在记者见面会上的他，总是展现着和蔼的笑容，风趣的言谈也很有魅力；可一站上投手丘，他就立刻面无表情，像是变了一个人一样。

这说明他能够完全控制自己的情绪。

不仅仅是松阪，一流的投手都是"扑克脸"。

这是他们为了不让对手通过自己的表情推测出投球的线路，而故意在投手丘上保持冷峻的神态。

越是一流的选手，控制自己情绪的能力就越是高超。而擅长控制情绪的人，心态也会更加平稳，在工作中也能更加专注沉着。

⊖ 投手丘：指棒球比赛中，投手进行投球时身处的圆形区域。

愤怒以愚蠢开始，以后悔告终

上文提及的棒球选手松井秀喜，无论什么情况下在媒体面前都能够保持和善的态度，这一点令他广受赞誉。对此，他在自己所著的《绝不动摇的内心》一书中是这样描述的：

"在来自媒体的提问中，不能否认有一些明显是以激怒我为目的的。老实说，我也会有脑袋一热的时候。但记者问这类问题也是出于工作，并不是他个人对我有什么深仇大恨。所以不管被问到什么问题，我都会尽量真诚地回答。"

"一郎先生曾说过，选手和记者应该保持一种'彼此较劲'的状态。我也认为这是最理想的状态。但是，在彼此较劲的过程中，若头脑发热而生起气来，对生气的一方来说，总是得不偿失的。心里不服气而拒绝交流也是一样。因'毕达哥拉斯定理'而广为人知的古希腊数学家、哲学家毕达哥拉斯曾经说过:'愤怒以愚蠢开始,以后悔告终。'解释起来就是,情绪说来就来,如果生气的时候不管不顾地开口泄愤,结果往往会令人后悔。"

下定决心"不生气"吧

我已下定决心,无论发生什么事情,都不再生气。

极少数情况下,到了不得不生气的时候,我也会在仔细思考当下是不是真的非生气不可后,再选择生气。

就算是妻子对我发火,我也绝不生气。我不会用情绪去回击情绪。

平时我总对妻子说:"生不生气都是由自己决定的。我已经决定再也不生气了。""我很欢迎你跟我讨论,但纯粹地向对方宣泄自己的情绪,是没有任何意义的。"

她也理解了我的话,所以如今我们很少争吵,有什么事情都会商量着解决。

话说回来，喜欢把自己的价值观强加给对方的夫妻原本就很难长久。"希望他是这样的丈夫""希望她是那样的妻子""希望组建这样的家庭"，像这样总是在对方身上寻求自己价值观的实现，才导致了理想与现状的冲突，从而埋下了焦虑与争吵的种子。正确的做法是，在双方价值观的彼此磨合中，创造出一种夫妻间共通的全新价值观。这也是婚姻生活中需要耐心培养的。

下定决心"不失落"吧

我已下定决心,不再失落。

哪怕经历的是同一件事情,也会有失落的人和不失落的人。

但是,无论遭受怎样的打击,也不是所有的人都会失落。正如"生气"和"不生气"一样,**我们同样有着"失落"和"不失落"这两个选项;主动选择了"失落"的人才会失落,而选择"不失落"的人则不会失落。**

正因为我已下定决心不再失落,所以也就很少感受到失落情绪。

或许人会遇到天塌地陷般的打击,一时犹如坠入万丈深渊,但终有一天能够爬起来。

至亲的辞世、孩子的早夭、与曾经山盟海誓的恋人彼此分别、倾注了心血的事业遭遇失败……这些巨大的打击会令人一蹶不振，让人终日以泪洗面、茶饭不思、身心俱疲，每天都过得如同行尸走肉一般。

可是只要咬紧牙关坚持下去，就一定能熬过这段艰难的时光。毕竟上天赋予了人"遗忘"这份礼物。终有一天，时间会抚平内心的伤痕，使人重新振作。

然而这需要多长的时间呢？不同的人需要花费的时间是不同的。既然如此，那这段时间岂不是越短越好？我认为，在有限的人生当中，把时间花费在消沉与失落上是一种浪费。

因此，我决定不再失落。而为了不再失落，我会尽力控制自己的情绪。烦恼和不烦恼也是一样。烦恼着的时间也是一种浪费，所以我决定不再烦恼。

别再归咎于他人

当然,即使下定决心不再生气、不再失落,也不可能就此一帆风顺。

尤其是在遇到烦心的事情时,我们总免不了要把错误归咎于他人。但实际上,很多事情的发生,责任都在于自己。假设铁轨上发生事故导致电车晚点,因此你没能赶上与人约好见面的时间,这时,责任在谁身上呢?

或许你会说:"责任当然在铁路公司身上了。"

可事实果真如此吗?的确,发生车辆事故是铁道公司的责任。但是确信电车不会晚点而乘上它的却是你自己。也就是说,迟到这件事是你自己的责任。

在发生问题的时候,总是将错误归咎于他人的人，在你周围恐怕并不少见吧。

请回忆一下这样的人。你会发现，他从来都只是不断地在抱怨，根本没有试图去解决任何问题。哪怕问题是由自身引起的，他也会声称原因不在自己身上，并且他的言行也丝毫体现不出推动事情向前发展的意图。

把责任推卸给他人是很轻松的，这种心情也不难理解。但就算把责任推卸给他人，问题也不会得到解决。

只有彻底认识到自己要为自己的一切行为负责，才会萌生出"当事人意识"。

只有认识到不管发生什么问题，归根究底都有自己的一份责任在，才不至于对问题熟视无睹、撒手不管。

路边的小酒馆中，经常会有人聊些这样的话题："今天工作中遇到了点糟心的事情……""有个让人恼火的客户……"

但稍加思考就会明白,不是工作中遇到的事情本身糟心,而是自身对遇到的这件事情感受到了糟心的情绪;是自身对客户的某个行为感受到了恼火的情绪。

对这个世界上发生的任何事情,无论是喜是忧,都是由自己决定的。自己能够控制的,并不是事情本身,而是看待事情的方式。事情本身没有意义,为事情赋予意义的是我们自己。

人这一生,每天都要做出成百上千次决定;每个决定所产生的结果,最终都会落到自己身上。从这个角度来说,人生中的一切,责任都在于自己。

按照他人所说的去做，失败了责任也在自己

回顾起自己的人生，我发现自己总是在听从他人的意见。

比方说，当年我并没有特别想去的高中，觉得去哪儿都无所谓，于是选择了父母推荐的学校。高中时期也没有什么特别想做的事情，只不过被姐姐说了句"男生多少要会弹一点吉他"才开始玩音乐。以此为契机，高中时期我加入了民谣乐队，大学时又加入了摇滚乐团。

就业季来临的时候也一样，我没有什么特别想去的公司，也没什么特别想做的工作。当时心想，哪家公司最先给我发录用邀请，我就去哪家。于是就这样入职了第一家公司。

然而，从事销售岗位对于我来说却是非常不情愿的。

可我成长于一个典型的上班族家庭。为此我打心底认为，入职一家公司后就必须从一而终。

所以尽管不情愿做销售，我却没有"辞职"这个选项。当时我想的是，如果能取得良好的业绩，从销售人员升职为销售经理，有资格领导别人的话，就不用自己去做销售了。结果，我取得了优异的业绩，被提拔为最年轻的营销部部长。

28岁的时候我打算离开公司自己创业，但当时根本没有想好要做些什么，仅仅是决定了要辞职而已。当我把这个想法告诉了比我早一年开始创业的朋友后，他对我说："那我们一起干吧！"

我心想这样也好，便一口答应辞职后去他的公司。

然而就在辞职的一个月前，当我正式告知下属自己其实打算辞职后，有几个人对我说："既然这样,那我们也辞职,大家一起创办一家新公司怎么样?"

我觉得这样也未尝不可,于是又回绝了朋友,跟这些人一起创办了一家新公司,独立经营。

后来,同样经营自己公司的朋友向我提出:"既然都已经在创业了,那不如就以上市为目标,把企业做到业界第一。所以我们几家公司合并起来怎么样?"我觉得"这样也好",于是下定决心,着手合并。随后,有人提出,是时候让公司上市了,我觉得"这样也好",又照做了。

这样想来,我似乎很少试着自己闯出一条道路,而一直都是别人把几条道路摆在面前让我来选择。但是,最终做出决定的始终是我自己,并且一旦做出选择,我就会竭尽全力。

情绪控制训练之"不闯红灯"

我已下定决心,绝不闯红灯。

我想很多人在过马路的时候,就算是遇上红灯,只要没有车经过就会直接走过去吧。无车的乡间小路,深夜的僻静街道,这些地方的红绿灯总让人怀疑有没有设置的必要。而这类红灯,可能大多数人都会选择无视吧。

还有一种情况就是,只要有一个人无视了红灯直接过马路,后面的人就会跟着他一起走过去。人们会觉得,既然有人这么做了,那么这么做就是"可以"的。

但我是绝对不会闯红灯的。

你听说过"51∶49法则"吗?

它是说,一个人在权衡两件事情的时候,这两件事情在内心的比重往往是51∶49。

团体的丑闻，个人的舞弊，这些频发的事件中，当事人原本就居心不良、图谋不轨的情况其实是很少的。那些直接引发丑闻的人，并不是从一开始就心怀100%的恶意和0%的善意，而是51%的恶意和49%的善意在内心纠结，直到最后一刻才倒向了恶的一方。

人如果不去主动追求向善，内心很快就会被恶意占据。

既然我们的内心如此脆弱，那么为了不使之被恶意占据，锻炼自己的善心就很有必要了。

所以，为了培养出一颗保持向善的心，我决定通过不闯红灯这件事情来训练自己。

关于不闯红灯，其实还有另外两个理由。

第二个理由是为了给孩子们树立榜样。如今的孩子们是今后社会的栋梁，如果他们看到大人都在闯红灯而有样学样，不把红绿灯当回事的话，总有一天会遇上交通事故。一想到这种情况，我就非常害怕。

第三个理由比较单纯，我不希望自己的人生紧迫到连等待红灯过去的时间都没有。

在我们判断自己应该"生气"还是"不生气"，"失落"还是"不失落"时，"生气"和"失落"的比重都不可能从一开始就是100%。实际的情况往往是双方各占五成，相持不下，最后51%的"生气"压倒了49%的"不生气"，所以才生气了——人心就是如此难以捉摸。

而为了能够控制这1%，坚持不闯红灯是一种很好的训练方式。

第二部分
25个习惯助你告别生气与焦躁

第 4 章
这些习惯能帮你摆脱焦躁

不 生 气 的 技 术

生气的时候，人的精神状态总是紧绷着的。

如果我们因为生气而积攒了太多压力，碰到一点小事就又会生起气来。就像是一个盛满了水的杯子，哪怕多扔进去一枚硬币，水都会漫出来。

所以，我们应该养成从一开始就不让自己积攒压力的习惯。

习惯 1　犹豫的时候不要做决定

我在心存犹豫的时候从不做决定。因为对于那些真正重要的事情,就算不去提前做好决定,催促你下定决心的那个时刻也终会到来。

之所以会犹豫,就是因为对眼前这件事情的不安和疑问正在阻止你做出决定。可如果这件事情足够重要,需要你下定决心的时刻总会到来。

因此,在感到犹豫时不要急着做出决定。这样一来,你反而会在某个瞬间不由自主地下定决心。

试想,一个人会在什么时候采取行动呢?

在规划一件事情的时候,有着更高层次的导向思维的人更倾向于采取行动。

对事情的规划可以分为结果导向和过程导向这

两种思维模式。结果导向关注的是"想要获得什么样的结果""事情最终会发展成什么状态";而过程导向关注的是为了获得某种结果,"首先应该做什么""接下来又该做什么"。如果我们采用过程导向的思维模式,那么就能够在行动中自然而然地做出判断和决策。

所以我认为,在感到犹豫的时候,用不着急着做出决定。

只要我们始终把这件事放在心上,不断收集相关信息,最终总会迎来下定决心的那个时刻。

习惯2 利用好自己的缺点

每个人都有缺点,这也往往构成了我们焦躁情绪的来源。

但是换个角度思考,我们为什么不去利用自己的缺点呢?这样既能减少焦躁,也不至于动辄生气。

举个例子来说,我这个人很不擅长同时处理多件事情。如果手头有多个项目同时在推进,就会让我心里积攒很多压力。在这种精神状态下,哪怕是一件小事都会引起情绪的波动,从而不自觉地生起气来。

于是我采取了一种适合自己的解决办法,那就是尽可能地只将精力投入到一个项目之中。

如此一来,我的专注力和决策力就能发挥效

用，推动项目顺利地向前发展。通过彻底地专注于一个项目，我才能发挥出几乎无坚不摧的强大力量；相反，如果我同时经手多个项目，精力肯定就会因此分散，最终一无所获。

习惯 3　时常做最坏的打算

我这个人既胆小又怕事。

胆小怕事当然是一种消极的性格因素，但也正因为我胆小又怕事，才能做到凡事都三思而后行。

当我着手做一件事情之前，总是忍不住去想："如果发生意外怎么办？""这会不会有什么风险？"

人们常说世上有三种人：**先思考再行动的人、边思考边行动的人以及先行动再思考的人**。我就属于第一种类型，做事情前必须经过反复思考和筹划，然后才会转向行动。

很多时候，当我们开始行动时，当初预想到的风险往往是会实际发生的。但我是在提前构思好应对风险的策略之后才转向行动的，可以说已经做好了充分的思想准备。因此，即使面对最糟糕的事态，我也有信心能够把损害减到最小，让事情重回正轨。

我一直把"**做最坏的打算，过最好的生活**"奉为自己的座右铭。

什么叫"做最坏的打算"呢？

日本塔利咖啡㊀的创始人松田公太曾写过一本名为《一切都由一杯咖啡开始》的书，书中谈及了有关他开设塔利咖啡1号店时所进行的风险规划，其中体现出了一种令人颇感兴味的思考方式。

当年，松田为了能将塔利咖啡的1号店开在银座㊁最好的地段，打算借款7000万日元。当时他第一时间想到的是："如果我失败了，背上了7000万的借款，这笔钱要怎么还？"

但是，他紧随其后的想法却非常独特。

"假设去便利店打工，每天工作5小时，一周

㊀ 塔利咖啡（TULLY'S COFFEE）原为美国品牌，松田公太是首位将之引进日本的人。
㊁ 银座：位于东京，是日本极具代表性的繁华商业区。

只休息一天，时薪按850日元算的话，每个月能有33万到34万的收入。如果再算上妻子的收入，每个月能还40万。"

在进行了这样一番风险规划后，他得出的结论是"也不过如此"。

所谓做最坏的打算，就是设定一个如上文中的7000万借款这样的"反向目标"，以此来推测风险。

在我转投全新的行业进行创业之前，曾收集过许多相关的负面报道。

看着这些新闻报道，我满脑子都在想：**"如果发生这种事情那全都完蛋了""如果陷入这种状况，就再也不会有工作找上门来"**。而当我就算被这些想法充斥脑海，也依然坚定地想要闯入新行业之后，我才开始了自己的创业之路。

这里还有另外一个例子。

我平时会炒股。炒股时，我遵循的也是相类似的思路。对我来说，无论哪一只股票，只要跌幅超过20%，我就会毫不犹豫地卖出。不管是500万还是1000万的投资，只要跌幅超过20%，我就会对自己说："到此为止了。"

这种投资方法的好处在于，我从一开始就很清楚自己最多会赔多少。知道了这一点，就能以一种就算失败"也不过如此"的心态，去挑战一些更加大胆的投资。

相反，如果不知道最多会赔多少，心里就会不断地担忧损失进一步增大，最终只能死死握着股票，始终找不到出手的机会。

另外，如果没有从一开始就设想最坏的情况，在面对股价持续下跌时，可能还会心存侥幸地认为有上涨的可能。而这样往往会损失得更多。

在进行风险规划时做最坏的打算，反而能够激发出大胆的行为；这种思考本身也能成为我们做出清晰判断的绝佳材料。

其实很多事情都如同杠杆，若能将"坏"的一端尽量压低，那么从结果上来说，"好"的一端就会抬升（如下图所示）。如果既有最高峰又有最低

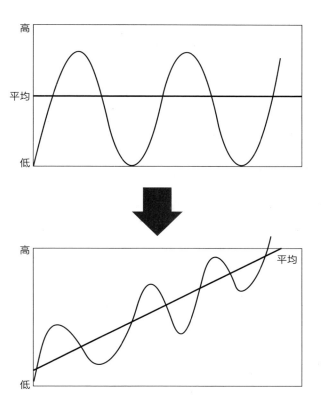

谷，那么平均下来并不会得到真正好的结果。

所以我想，我正是通过风险规划，避免了最坏的结果的产生，才使得自己的人生能够朝着好的方向前进。

习惯 4　有备才能无患，出门前列 "检查清单"

《谁都做得到，却只有极少数人能实践的成功法则》一书中有这样一节内容。

"假设你请了假，打算出门旅行。在耐着性子排队买机票时，等到终于轮到自己的时候，你把很重的行李箱随手搁在一边，轻描淡写地对工作人员说：'我想去旅行，但去哪儿倒是无所谓，所以随便卖一张票给我就好。'这合理吗？"

"当然不合理。一场旅行，光是准备就要花上好几个月。首先是跟家人商量旅行的目的地，然后是规划具体的行程，交通和住宿也都要提前调查与安排好。而且难得出门旅行，免不了要找周围的人参谋参谋。在正式出发之前，想必你每一天都在掰着手指算天数，想象着自己抵达目的地时的情景吧。为了这一瞬间而做的所有准备,都令你的情绪保持着振奋与激昂……既然连一次旅行的规划都需要倾注如此巨大的心理能量,为什么很多人却放任自己的人生为偶然因素所驱使呢?我想这是因为他们当中的绝大多数都不知道自己想要什么,也不知道自己想去哪里,每一天都是得过且过。相比人生的规划,他们反而在旅行的规划上倾注了更多的心力。这虽然让人感到悲哀,却是无可争辩的事实。"

准备是非常重要的。只有做好充分的准备,才能减少事后的后悔与焦躁。

准备离不开良好的规划。所谓规划,是指面对一个最终的目标,将实现目标的方法、程序加以组合的行为。这意味着,首先要有一个明确的目标,才能着手规划。

就拿登富士山作例子吧。同样是登富士山这一目标,从什么地点出发却是完全由自己来决定的,其路线也是多种多样的。你既可以从山脚下一步一步往上走,也可以在中途换乘汽车登顶。但归根究底,没有"登山"这一明确的目标是不行的。哪怕你并不准备登上富士山的山顶，也应该设立一个具体的攀登目标，并围绕它来制定规划。

另外，攀登的是富士山，还是珠穆朗玛峰，抑或是筑波山㊀，它们各自所需的准备时间又各不相同。登珠穆朗玛峰所需要的准备时间显然是登筑波山所远不能相提并论的。

不过就算是要攀登珠穆朗玛峰，也不能盲目追求充分的准备——因为这个也想带上、那个也想带上而忽视了规划本身的合理性。我们应该按照顺序思考达成目标的每个步骤，决定好什么是需要最先完成的，这才是制定有效规划的诀窍。

也就是说，制定规划分两个阶段：先是列举出必须要做的事情，然后将这些事情加以整理，并按照顺序进行排列。

在日常工作生活的情境中，出差和旅行的规划

㊀ 筑波山：位于日本茨城县，海拔877米。作为风景胜地，享有"西富士（即富士山）、东筑波"的美誉。

或准备更偏向于具体的物品。就男士而言,有的人是由妻子来为他准备,有的人是自己准备。我虽然属于后者,但准确地说是因为"更喜欢"由自己来准备。

这是因为,如果一切由妻子准备,抵达目的地才发现缺了些必需品,又或是自己想穿的T恤没装进行李,就不免心生焦躁情绪,没准还会反过来在心里埋怨妻子。可这终究是一种自私自利的想法,而我又何必自寻烦恼。

为了能让自己舒舒服服地踏上旅程,又舒舒服服地踏上归途,我得出的结论是由自己准备出行物品更好。

我想,那些让妻子为自己准备的人应该性格都比较开朗,并不会特别在意行李中缺了些什么,又或是放了什么样的衬衣在里面。但我是那种比较在意这类事情的人,所以才选择由自己来准备。这样既能让自己在旅途中保持良好的情绪,也不至于把焦躁的产生无端地归咎到妻子身上。

而每逢出行之前做准备时,我总会按照贴在家里的一张"物品检查表"来进行。

表格横列写着的是"日常外出""上班""健身房"等出行目的;纵列写着的是提包、电子记事本[一]、手机、毛巾等出行物品。我通过在横竖列交汇处,用画圈的形式来依次确认是否携带了对应的物品。

比方说每天早晨上班之前,我会看向这张表的"上班"一列,自上而下地确认手帕有没有带、面巾纸有没有带、电子记事本有没有带等。去健身房时也是一样,我会依次看钱包有没有带、替换的衣服有没有带,通过这种方式来一一确认。

毕竟,一旦有什么东西忘记带上,工作就很可

[一] 电子记事本:外形近似于计算器,拥有文字、数据输入和整理功能的便携式电子设备,流行于 20 世纪八九十年代的商务人士群体当中。后被掌上电脑及手机取代。

能无法顺利进行。假如忘带了电子记事本，就无法得知当天的日程，有新的预约也无法添加进去。这样一来就难免生出焦躁的情绪。

因此，为了预防焦躁情绪的产生，我总是像这样尽量做到有备无患。

习惯 5　既然没自信，工作和生活就该"合乎能力"

我是个对自己很没自信的人。尽管每次提起，别人都会说根本看不出来是这样，但事实就是如此。

我这个人既胆小又缺乏自信，时至今日，不管是参加演讲还是研讨会，仍然会紧张得发抖。我总是在思考怎样才能增长自信，却始终无法如愿以偿。

但是，正因为我深知自己性格如此，所以在面对很多事情的时候会依据自身的能力做出恰当的选择。

相反，如果一个人明明没有自信却故意逞强，那么碰到一丁点阻碍就会退缩得更加厉害，结果就是不仅自身的能力得不到施展，心里还平白积攒下许多精神压力。

举例来说，与其勉强考入一流高中当个"吊车尾"，还不如轻松地考进层次稍低一点的高中，让自己处在一个中等偏上的位置。

回想起我自己的人生过往，也一直是这种心态。

我认为，如果身处一个高层次集团中的下层位置，就很容易悲观，觉得自己在各方面都不如别人，以至于每天都生活在压力当中。相比之下，在一个更低层次的集团中占据上层位置，主动营造出一个让自己深信"只要努力就能有所成就"的环境，显然更加有利。

相比每天对自己说"我不行"，每天对自己说"我可以"明显会对将来产生更加积极而深远的影响。正因为我知道自己没有自信，才通过这种方式使自己远离了不必要的精神压力。

如果我当初阴差阳错地入职了一家一流企业，被那些从一流大学毕业的聪明人包围，恐怕每天都会生活在"我不行""我做不到"的焦虑当中，而无论如何也无法成长为现在的自己。

我在生活中也同样注意选择与能力的匹配。比如说房子，如今我的财务状况相对自由，住得还算不错，但刚踏入社会的第一年，最开始的时候住的是每月租金3.8万日元，还不带浴室的小公寓。当时我不想为了撑门面而故意租超出自己经济承受能力的房子，但也没有刻意委屈自己去租很廉价的房子。

一直以来，我所做的都是合乎自己能力的事情。

假设一个人的实际月收入是19万日元，但租的是一个月15万的房子，这显然超出了他的能力范畴。

在这种情况下，收入的绝大多数都会被房租和还贷所占据，于是，"这个月只能靠剩下的几千日元混日子了""已经没钱吃饭了""没钱和朋友出去玩了"这些焦躁情绪也就随之而来。

我一向认为，自己的长处在于能够客观地看待自己，也就是在面对从自己内心萌生出来的想法和思考时，能够以一种来自外部的视角进行客观的审视。而把19万收入中的15万都用来付房租，以客观的视角来看这完全是"破绽百出"，所以我从一开始就不会这么做。

就算是爱慕虚荣，我也会选择合乎自己能力的"虚荣"来"爱慕"。

习惯 6　目标尽可能设置得低一点

我也思考过自己为什么没有自信。回想起来，是因为我总是无法达成自己当初设定好的目标。

在考高中的时候就是，我第一志愿落榜，无可奈何地进入了一家私立高中。

当年，除了东京的极少部分名校，私立高中的整体水平都偏低，这种倾向在地方上更加明显。总而言之就是，优秀的学生都进了县立高中，"不那么优秀"的才会去私立学校。

大学也是如此。在我读高中的时候，我姐姐有一位就读于庆应大学⊖的朋友，曾经指导过我的功课，于是我在不知不觉中认为，自己也能考进庆应大学。当然，结果是可想而知的。

⊖ 庆应大学：即庆应义塾大学，日本顶级的私立大学之一。

求职也是一样。由于我大学期间一直在玩乐队，多少有过些从事音乐或媒体相关工作的想法，但竞争实在太过激烈，所以我从一开始就放弃了。

总之，多年来就没有哪个目标是我能够达成的，对此我始终焦躁不已，久而久之，我甚至对"达成目标"这件事本身产生了"心结"。

后来，大概是刚踏入社会那段时间吧，某天我突发奇想，打算设定一个目标，然后好好体会一下达成目标后的成就感。

你猜当时我是怎么做的？

我尽可能地放低了对目标的要求，像是"把脱下的鞋子摆整齐""看完报纸后放回原处"等，都是只要稍加留意就一定能够达成的目标。我试图通过这种方式来养成一种"达成目标"的习惯。

脑神经外科专家医师筑山节在《让大脑变得敏锐的15个习惯》一书中是这样阐述的：

"哪怕只是打扫房间，或者把坏掉的东西送去修理，像这种会让人稍微感觉有些麻烦的生活琐事，每天处理一点点就足够了。

"当然有人会觉得，相比处理这类琐事，更想做一些有意义的事情，但那要等到大脑的'体力'有所增长之后才行。

"如果大脑的前额叶缺乏不断发出指令的'体力'，在这种情况下处理重大问题，人很容易在中途感到厌烦，或是无法忍受辛苦而遭遇挫折。于是，又会回到什么都做不到的生活状态当中。苦恼于此种情况的人其实屡见不鲜。

"但如果只是每天主动处理一些很小的琐事，就不至于感到厌烦。并且，焦躁情绪也能得到控制。长此以往，在大脑当中处理思考的区域相比处理感情的区域，就会具有更强的控制能力。这样一来，我们就可以开始处理稍微有些难度的问题。像这样不断增加大脑的'体力'，就能够在不勉强自己的前提下，不断提升解决问题的能力。"

这也就是说，**我们不能指望自己一下子就能养成一个重要的习惯，而是要从培养小习惯开始做起。**

我认识一个人,他给自己设定了三个目标:"把鞋子摆整齐""把上衣用衣架挂好""看报纸"。当他能够毫不费力地完成这三个目标后,接下来考虑的是"如何有效利用午休时间"。

此前的午休时间,他总是在和同事闲谈,或是读漫画打发时间。但随着目标的设定,他开始利用午休时间学习英语会话。最终,他不仅提升了英语会话能力,还当上了公司的董事。

如果设定的目标只需要付出一丁点儿努力就能达成,那么我们就能经常体会到成就感。而随着这种设定目标、达成目标的习惯的养成,会产生一种良性循环,使我们更倾向于在面对更高的目标时,也会产生"只要努力就能达成"的想法。

设立一个很高的目标并争取实现,这并不是件坏事。但我更加推荐的是在志存高远的同时脚踏实地。脚踏实地地去追求、实现力所能及的目标,那么生气和焦躁也就不会产生了。

习惯 7　找到一个只有自己能获胜的领域吧

我是一个喜欢故意和别人唱反调的人。不仅处处和别人对着干，个性还非常顽固。有段时间我的妻子把我叫做"邪鬼"——这来自一个完美形容以上性格特点的日语词汇"天邪鬼"㊀。

她说我："你这个人啊，别人让你往右你偏往左，让你往左你偏往右，就没见过像你这么喜欢唱反调的人。"

对于我的这种性格，她显然很无语。

我自己也感觉，不管是对于工作还是其他事情，我总是故意朝着与别人不同的方向前进，故意

㊀ 天邪鬼原指日本传说中的一种妖怪，由于能够洞察人心而专行恶作剧与人作对，后引申出故意唱反调、我行我素等含义。

选择与别人不同的方法做事。但从结果上来说，正因为我这种爱唱反调的性格，才使得自己的人生有了好的发展。

那么，我为什么这么喜欢和别人唱反调呢？

其中一个原因，是为了让自己从压力中解脱出来。

和别人朝相同的方向前进，用相同的方法做事，就意味着始终和别人在相同的领域内竞争，如此一来，自己与他人在所取得的成果方面的差距就会非常明显。

而这份差距很容易转化为压力："**为什么我就不能像他一样顺利？**""**为什么他能做到的，我却做不到？**"

既然如此，如果故意和别人唱反调，去做和别人不同的事情呢？那就相当于自己开创了一个全新的领域。在这片领域中没有竞争者，自然也不会感受到额外的压力。

当然,实话实说,这种性格还是源于我自信的缺乏。正因为缺乏自信,所以才想方设法地让自己身处一个容易获得自信的环境当中。

因此不管是工作还是生活,我都在寻找着只有自己能够"获利"的"市场"。

投身到一个已经有很多人在从事的行业,势必要面对数量众多的竞争者。这些竞争者当中比自己优秀的大有人在,想要胜过他们是非常困难的。

所以我才需要用一种唱反调的精神,去寻找一个能让自己获得优越感和增长自信的领域。在一个由自己创造的全新领域中,我才不会被竞争拖累,才能依靠去做从没有人做过的事情来获得自信。

迄今为止,我都是在用这种唱反调的精神,来为自己寻找容身之所。

习惯 8　保持周围环境的"整洁"

为了避免产生焦躁情绪,我们需要增进对自身的了解,然后加以利用。

以工作来举例,就是要把必须完成的事情摆在自己看得见的地方。不管是不得不填写的资料,还是不得不处理的申请,都摆在办公桌上最显眼的地方。我还会把当天乃至近一段时间内必须要完成的事情,都记录在电子记事本上。

这样做的目的在于,让自己一眼就能够看到。

工作迟迟完不成的时候,人就会焦躁。

为做完工作,就需要把办公桌上的文件一份一份地处理好,把记事本上的行程安排一件一件地划掉。总而言之,就是对工作进行彻底的"打扫"。

我这个人非常"爱干净",无论是办公桌还是记事本,都希望能够保持"整洁",所以才会故意把"脏东西"放在眼前,逼迫自己去"打扫"。

习惯 9　放弃理想主义和完美主义

有一些人认为,不管是工作还是做家务都不该偷懒,而是要竭尽全力地做到尽善尽美。对他们来说,做任何事情,都要做到 100% 才心满意足。

然而,如果中途被其他事情打断、身体感到不适,又或是随着年龄的增长而力不从心,在种种因素的影响下,凡事要想做到 100% 是很难的。很多时候做到 80% 就到头了。

对于一般人来说,80% 意味着这件事已经做得差不多了;可对于完美主义者而言,他们会认为这件事"不过才完成了 80%"。

这种思考方式必然导致不满和焦躁情绪在心里堆积。

因此,我们需要刻意追求事情的不完美。用完美的标准来要求自己其实是很痛苦的；而用完美的标准来要求别人，又会对无法做到完美的对方感到焦躁。

当初，在我刚晋升成为别人的上司的时候，也曾以理想的上司作为自己的奋斗目标。然而越是朝着这个目标努力，我越觉得作为上司的自己和原本的自己之间产生了一种割裂。

我意识到，要想塑造一个与自己的本性相去甚远的"理想的上司"形象是非常艰难的，也是非常痛苦的。身为上司，不应该勉强自己，而是要以适合自己的方式与下属接触与交流。

习惯 10　分清楚哪些是自己的问题，哪些是别人的问题

当发生问题的时候，焦躁、生气总是难以避免。这时，我们有必要弄清楚这个问题究竟是由谁制造的。

有时，我们会对别人的问题感到焦躁，可是这毕竟不是自己的问题，而对不属于自己的问题感到焦躁，其实是没有必要的。

如果我们将问题按照下页的图示进行分类，会发现一共有四种类型。

A 你和对方都认为这是一个问题

B 你认为这是一个问题，但对方认为不是

C 对方认为这是一个问题，但你认为不是

D 你和对方都认为这不是一个问题

问题归属的原则
明确一件事情是属于谁的问题

	自己认为这是一个问题	自己认为这不是一个问题
对方认为这是一个问题	A 共有的问题	C 对方的问题
对方认为这不是一个问题	B 自己的问题	D 不构成问题

第 4 章 这些习惯能帮你摆脱焦躁

对于 A，你和对方有着共识，都认为这是一个问题，所以双方可以通过协商来加以解决。D 也是一样，由于双方有着"这不是一个问题"的共识，所以并不会因此产生焦躁情绪。

问题就在 B 和 C。

比如对于 B，又可以分为你面临问题、你和对方都面临问题以及对方面临问题这三种情况。

如果你意识到这是自己的问题，而对方没有意识到，这倒无伤大雅。

然而如果双方都面临问题，却只有其中一方意识到这一点，那么意识到的这一方自然会产生焦躁情绪，烦恼于对方为何意识不到，或是为何不采取行动。

因此若出现 B、C 这样的局面，一定要弄清楚这是自己的问题，还是对方的问题。是自己的问题那就自己想办法解决；如果是对方的问题，那我们最多也只能从旁协助。

换个角度来说,当我们因对方迟迟不行动而感到焦躁时,实际上焦躁的源头仍然是自己,是我们在面对这件事情的时候,大脑擅自将之替换成了"自己的问题"。

习惯 11　不保守秘密

有着无法对别人说出口的秘密,也会成为焦躁的原因。

在我刚开始创业的时候,只会公开对公司员工有着积极影响的信息,除此之外的信息一概秘而不宣。

比方说公司的经营状况。起初,公司的经营状况并不理想,我担心公开这些负面的信息,会使得本就数量不多的员工选择离职。

但这种想法是错误的。为什么我一定要隐瞒这些信息呢?思考了一番我才发现,这是因为我对员工的信任不足。

对于值得信赖的员工,无论公司的状况是好是坏,都不应该有所隐瞒。反而应该主动让他们了解到公司的真实情况，才有助于通过共同协商来明确各自的职责与前进方向。

自那以后，我便开始将公司的信息彻底地向员工公开。结果很快证明，当初我试图隐瞒负面信息的想法是完全错误的。通过信息的公开，公司实现了组织结构的透明化，与员工们的联系也得到了进一步的加强，从而构建起了更加稳固的信赖关系。

对于信息，我们并不知道它会在什么时间、什么地点、对什么人产生怎样的作用。但所获信息越全面、越详细，就越会对工作流程、工作方法以及成本管理意识等方面产生积极的影响。

并且，如果能够令员工准确地了解公司以及部门的状况，也能增强他们的责任意识，提高他们对工作的积极性。

最根本的是，由于向员工传达的都是事实，我自己的内心会非常坦然。要知道，一个人死守秘密，是非常沉重、非常痛苦的。

所以我认为，很多时候，坦率地进行自我表露[一]是十分有必要的。

另外，通过公开信息，也会吸引到全新的工作机会。

比如我一直很希望能够在海外工作和生活，这件事我对很多人都提到过。结果，真的有很多来自海外的工作机会找上门来，而我也得以移居新加坡，在这里继续着自己的事业。这就是经常公开信息的收获。

你听说过"乔哈里窗（Johari Window）"（如下图所示）吗？这是一种将你自己眼中的你和他人眼中的你，按照"是否知道相关信息"进行划分的理论。也就是：

[一] 自我表露（Self-disclosure）：一种心理学概念，指将自身的信息通过语言分享传达给他人，借以推动亲密或信赖关系的形成等。

A 自己和他人都知道的信息

B 他人知道，但自己不知道的信息

C 自己知道，但他人不知道的信息

D 自己和他人都不知道的信息

● 乔哈里窗

	自己知道	自己不知道
他人知道	A 开放区 "被公开的自我" （open self）	B 盲目区 "自己没有注意到的、他人所见的自我" （blind self）
他人不知道	C 隐秘区 "被隐藏的自我" （hidden self）	D 未知区 "没有任何人知晓的自我" （unknown self）

在处理人际关系时，容易焦躁或产生压力的人，按"乔哈里窗"理论来划分往往属于 B 和 C 这两个区块。相反，能够从压力中解脱出来的人，有着更大的 A 区块。

因此，推动 B 区块和 C 区块向 A 区块的转化，就能令人生朝着更好的方向前进。

当然，推动 C 区块向 A 区块转化，使自我由隐秘变得开放，无疑意味着需要公开很多不利于自己的信息，这是非常需要勇气和胆识的。但是请放心，这并不会影响到你在他人心目中的地位。

习惯 12　再重要的事情也会一件件忘记

同时接手许多工作，或是同时与多人有约，大脑就会被这些重要的事情充斥，从而进入一种很容易积攒压力的状态。

人的大脑作为一个"硬盘"，容量是有限的。尽管有着个体差异，但没有哪个人拥有无限的容量。因此当需要处理的事情太多时，大脑的容量就不够用了。

"记笔记"就是为了避免这种情况的发生而存在的。通过记笔记，我们才得以凭借"忘记"来释放大脑的容量空间。

无论一个人的记忆力如何出众，如果他整天都在想着什么都要做、什么都要记住，便很难将精力集中到工作上来。在这种状态下，不但工作效率大受影响，而且也难以取得理想的工作成果。

而这种状态长期持续下去，就会产生焦躁情绪，最终可能就连原本已经记住的事情都忘得一干二净了。

由此可见，养成记笔记的习惯是非常重要的。

勤记笔记，并按照自己的方式进行整理，就能抵消掉害怕忘记的不安情绪，从而专心于工作。提前记好笔记，在忘记的时候立刻查看，若能养成这样的习惯，就能提升工作效率，使得自己的时间得到更加有效的利用。

习惯 13　通过当场提问来打消疑虑

我对于自己不明白的事情，总是会坦率地提出疑问。

有一天，我向一位刚开始创业的年轻经营者这样问道："这种情况，如果换做是你，会怎么思考呢？其实，这个问题一直很困扰我，所以来向你请教。"

对方听罢非常诧异。因为当时他才刚开始创业没多久，而我同为经营者却已经有了一定的资历和成绩。在他看来，怎么都该是他向我请教才对。

于是他感叹道："我觉得像嶋津先生这样，对于自己不知道的事情能坦率地发问是很了不起的。"

但是对我而言，我不过是针对"我所不知道的事情"这件事本身，向比我自己更清楚的人请教而已。可正是这一点令对方"非常诧异"。

这件事令我想到，在面对无论如何都弄不清楚的事情时，我们该怎么办？当烦恼于问题始终无法得到解决时，我们又该怎么做？

在找到答案之前，自己一个人钻研？在问题得到解决之前，一个劲儿地苦恼？这种心态值得钦佩，但却需要花费太多时间，毫无效率可言。很多问题，就算是在互联网上百般搜索，也很难得到精准匹配的回答，而只是白白浪费大量时间——这种情况可以说屡见不鲜，往往是到头来答案没找到，精神压力反而积攒了一大堆。

那么，我们究竟应该怎么办呢？很简单，向知道问题答案的那个人提问就行了。

然而可惜的是，这世上有很多人都不擅长向别人提问。或许正因如此，那位年轻的经营者才会觉得"主动提问是嶋津先生的个人魅力所在"吧。

对于提问，我们无须感到羞臊。不管是自己知道的，还是不知道的，勇于提出自己的见解和思考，都是非常重要的。

习惯 14　别让自己置身于容易产生焦躁的环境

在我还在公司上班的那段时期，非常讨厌上下班时间的电车。置身于人满为患的车厢当中，我不仅要承受着身体上来自四面八方的压力，内心更是不断积攒着焦躁的情绪。而整个早晨都在焦躁中度过，就难免会对接下来的工作产生不好的影响。

于是，为了使自己远离容易产生焦躁的环境，我决定搬到始发站的附近居住。假设上班乘坐的电车是井之头线，那就搬到富士见丘站附近。如果不能搬到始发站附近，那就住到下一站的附近，然后每天先乘其他电车来到始发站，再从始发站乘始发的电车上班。

这样做的话，就能保证我在电车上有座位可坐。哪怕赶上客流高峰期，我也能一边读着书一边等待电车抵达涩谷站。如此一来，我也就从焦躁的情绪中得到了解放。

后来，我又开始考虑怎样才能不用乘电车上班。在我30岁的时候，第一次搬到了公司附近居住。从那时起直到现在，我的住处都距离公司很近，只需步行或骑自行车就能抵达办公场所，再也不用去挤那令我焦躁不已的电车了，每天早晨也能保持轻松愉快的心情。

不过，产生搬到公司附近居住的想法还是在我开始经营公司之后。

6年的上班族生活中，每逢休息日，我都很不愿意接近公司所在的涩谷，反而想尽可能地远离，去一些能放松自己的地方。比方说我曾经在东横线的纲岛站附近租过一间公寓，原因就在于这条线的反方向上有横滨⊖站。而住在纲岛附近，也是为了能

⊖ 横滨是日本知名的观光都市，因此才有上文"放松自己"这一说。

够在休息日远离工作场所，令自己的身心都能够得到解放。

创业以后，我开始觉得时间更加宝贵，但又不想重回令自己焦躁的环境，所以基于这两个理由，直到今天都住在公司附近。

回顾过去，我发现自己一直在这些方面努力避免着焦躁情绪的产生。

不仅是上下班的电车，我还很讨厌排队。不管是迪士尼乐园的游乐设施，还是门前排成长列的拉面店，这种按照顺序等待的形式总令我很难接受。最近不少人都会在热门的店铺前排上数个小时的队，这对我来说是根本无法想象的。因此，我从一开始就不会去这些需要排队的地方。相比排队所带来的焦躁，我更倾向于不用排队所带来的悠闲。

习惯 15　眼不见心不烦

人们常说,上司培养下属时耐心很重要,需要怀着一颗关切的心。

然而当我观察下属的工作情况时,总是会由于觉得"他这里做得不对""他不该说这句话",而让自己焦躁起来。

每逢此时,我都会强迫自己不再关注下属的工作情况。既然越看越焦躁,我不如选择离开。

我认为,如果因为焦躁而开始抱怨,或是直接指示对方"这里应该这么做",反而会妨碍下属自身的成长。可是,待在他身边又不免焦躁,所以我还是不去看他为好。

甚至,我还曾为此改变了办公桌的摆放位置。在向下属征得同意后,我把自己的位置挪到了办公室的角落里,用隔板包围起来,这样就不会看到他们的工作情况了。

从此我便从焦躁中解脱出来,而下属们也获得了成长的空间。

习惯16　不要自说自话

从吸气开始，到呼气结束，这才构成一次完整的呼吸。

沟通本质上与呼吸是一样的。先是A说B听，然后B说A听，"吸气"与"呼气"有序交替，才是沟通的理想状态。

相反，如果A只说不听，或是B只听不说，就会导致"呼吸不畅"。因为A只是在"呼气"，而B只是在"吸气"而已。

我在参加培训课时曾注意到这样一件事情。培训课这种形式，很容易演变成讲师单方面"呼气"、听讲人单方面"吸气"的状态。然而考虑到"呼吸"也就是沟通的特性，听讲人的"呼气"也是非常重要的。因此在举办讲习班时，应主动安排提问和意见征求环节，或是鼓励听讲人相互交流，使"呼吸"能够更加顺畅。

日常对话也是如此，经常会出现一个人只负责说、另一个人只负责听的情况，可这对双方来说都是很痛苦的。尤其是那些容易说个不停的人，更应该意识到听的重要性。

如今，在电视节目中频繁现身的岛田绅助和明石家秋刀鱼等知名主持人，他们看起来似乎只是在通过单方面的风趣谈话来制造笑声，可是让嘉宾开口说话的时机也是拿捏得非常准确的。他们作为主持人的过人之处，就在于理解了沟通中"一呼一吸"的重要性。

习惯17　人生中的三个"相互"

在我参加曾经的上司的婚礼时,听到了一种"夫妻要做到三个'相互'"的说法。

三个"相互"是指相互帮助、相互分享、相互妥协。在婚礼致辞中,人们常说夫妻要铭记这三个"相互",共同经营幸福的生活。我认为这并不是一句客套话,而是对新婚夫妇恳切的建议。因此后来在参加其他婚礼需要致辞时,我也经常引用这种说法。

并且我觉得,这三个"相互",不仅适用于夫妻之间,对于处理各种人际关系来说也是相通的。

我想如果能多少怀着一些相互帮助、相互分享、相互妥协的心态与他人交流,焦躁和生气都会因此而减少吧。

习惯 18　既然自信，何不任性

对于一件事情，我自己"想这么做"，和总经理认为"应该这么做"、部门领导认为"必须这么做"之间，往往是有着很大差距的。

这种差距曾令当初的我每天都感到非常焦躁："明明我自己的做法才是对的，却为什么非得听从别人的这些'应该''必须'呢？"

但后来我想明白了。

自己的想法绝不算错，可与此同时，总经理和部门领导的想法也并没有错。所谓的差距，实际上是不同的人对如何处理同一件事情所体现出的思考方式的差异，这对双方而言都没有什么对错之分。并且我认为，如果一个人对自己的思维模式和行事方式有着充分的自信,不妨活得更加"任性"一点。

这里所说的"任性"当然是个褒义词。尽管听起来有些自以为是,但建立在正确的思考方式之上的"自以为是"又何尝不是一种信念。既然我们坚信自己的所思所想、所作所为是正确的,那么就该"任性"地将这份信念贯彻下去。

我的另一条座右铭是"人生只有一次"。

人这一生中会面临无数个分岔路口,每个路口前都要自己决定好接下来往哪里走。

每逢此时,我都会问自己两个问题:

"在这只有一次的人生中,你真正想做的是什么?"

"假如什么阻碍都没有,这种情况下你会做出怎样的决定?"

曾经有一段时间我非常苦恼,不知道自己到底该做什么才好。当时一位朋友对我说:"反正人生只有一次,那最重要的不应该是你自己的想法吗?"

直率地表达自己的想法,并按照这种想法生活。当我尝试这么做之后,发现自己活得更轻松了,也从身边的人那里获得了更多的赞同。可以说,人生在很多方面都在向好的方向转变。

所以我觉得,只要不是明显错误的生活方式,人就应该活得任性一点。

但是我也希望大家不要误会,因为建立在错误的思考方式之上的"自以为是"就只是自以为是而已,肆意妄为、利己主义、错误判断等,也都是由此产生的。

最近,我听说很多家长开始拒绝给学校支付伙食费。这些家长并不是因为家境原因而无力支付,

他们给出的理由是："既然别人可以不交，为什么我们却必须要交？""明明是'义务教育'，为什么还要额外上交伙食费？"㊀

这就是典型的肆意妄为、利己主义、错误判断。身为这种家长的孩子，前途真是令人堪忧。

㊀ 日本相关法律规定，学校配餐中食材部分的费用须由学生家长承担。但近年来已经有很多地区开始免除伙食费，以减轻学生家庭负担、应对物价上涨或是吸引外来人口移居等。

第 5 章

这些习惯能让你心情愉悦

不 生 气 的 技 术

为了掌控情绪，必须要学会如何保持良好的心情。只有了解了自己感到舒适的精神状态，并有意识地加以保持，才能稳定情绪，远离焦躁。

习惯 19　认可自己的成长

我刚开始上班的那段时间，到手的工资只有 15 万日元，住的是一个月租 3.8 万日元、不带浴室的公寓。

因为没法在家洗澡，我只能去公共浴室。但考虑到公共浴室的营业时间和本身洗澡所需要的时间，我至少要在晚上 11 点半之前赶到，也就是说，我必须赶上 11 点从涩谷出发的电车才行。可下班之后随便和同事喝上两杯，就会错过赶往公共浴室的时间。

为了能无须顾虑洗澡时间，尽情享受夜生活，那段时间我的目标就是住进附带浴室的公寓。

当时，如果我一天的开销超过 3000 日元，当月生活就无法得到保障，所以每天都是先去家附近的银行，只取3000日元出来放进钱包，然后再去上班。那段时间我连110日元的果汁钱都不舍得花，口渴了就忍着。日常开销剩下来的零钱也都会存起来，等存到一定数额，再用这笔钱出去喝酒。

踏入社会几年之后，我才逐渐变得不去计较果汁钱，口渴了就会买上一瓶。在喝果汁的时候，我切实地感觉到自己手头宽裕了起来。

还有一件事。当时每天下班回家，在洗完澡之后，我总想着喝上一杯啤酒再睡觉，可经济状况很难允许我这么做。

等到我能毫不在意地每天喝一杯啤酒时，我又感觉到自己的经济条件的确宽裕了许多。这些都是一些很琐碎的小事，但从中感受着自己境况的改观，并适当地给自己一些奖励，对于减少焦躁情绪来说是很有帮助的。

习惯 20　学会在一些小事上夸奖自己

我经常会夸奖自己。

比方说在和妻子聊天时，我经常会脱口而出："你不觉得这样的我很帅吗？""我就是喜欢做这种事、说这种话的自己呀！"

每当这时，妻子都会指出："你又在自夸了吧！"

而我会对她说："是啊，都没什么人愿意夸我，那我可不是只能自夸了嘛！"

我认为，学会在一些小事上夸奖自己是很有必要的。不管多小的事情，在完成后夸奖自己，都有助于自身从压力中解脱出来。完成一些很小的目标时也是一样，应该鼓励自己："我做得真不错。"

比如说，我们可以在早上列出一个"今日任

务"清单,到了傍晚时如果全都达成,就夸奖自己"我真厉害";哪怕是超出了时间限制,也可以夸奖自己"我还有进步的空间"。我们可以通过这种方式,来对自己的工作乃至心情进行一次阶段性的整理。

具体来说,我的做法是给自己一些实际的奖励。每年我都会根据上一年目标的达成情况,给自己相应的"奖励"。

我会在每年的一月份定下个人年度目标,并写进电子记事本。这些都属于个人目标,内容大概是"完成预定的营业额""公司整体利润率达到7%""掌握日常英语会话"之类。关于达成什么目标就会获得什么奖励,我也会大致想好,比如"12月正好要车检,完成目标的话就买辆新车"这样的。

然后,在圣诞节到来之前,我会回顾这一年的目标达成情况。如果自认为"这一年真的是很努力",就会为自己送上奖励。迄今为止,我就是靠着"自我奖励",买到了想要的车和想要的大衣等。如果觉得"这一年有点偷懒""目标完成得不怎么样",我就会放弃自己想要的东西。不过就算如此,我也会为了犒劳自己这一年的奔忙,而和家人外出美餐一顿。

正是这种"奖励",构成了我的工作动力。

习惯21　寻找到能令自己放松心情的方式

掌握几种适用于自己并且能够快速调节心情的方式是非常有帮助的。这样的话，在自己感到失落、悲伤，或是因事情进展不顺利而焦头烂额的时候，就可以通过这些方式迅速平复心情。

以我自己为例，我会前往中目黑[一]的星巴克，或是在自家附近的"米开朗基罗"咖啡店点上一杯香槟，坐在露台席上边眺望边思考，偶尔读一读书。

另外，我常去的那家健身馆，它的最上层是一家餐厅，那里也是我非常中意的休闲场所。餐厅本身只对健身馆的会员开放，但会员都不怎么去，所以总是空着。在这里吃午餐，我会感到心情十分放松。

[一] 中目黑：日本东京都的地名，广义上是指中目黑站为中心的特定区域。

像这样，寻找到能令自己放松的途径和场所，对于情绪的掌控来说是不可或缺的，因为在这个由你所选定的时间和空间中，负面情绪能够得到有效的宣泄。

当我的心情低落到无以复加时，我会前往三浦半岛的城之岛⊖，坐到某一张长椅之上。这里对我来说是绝佳的场所。

这张长椅位于城之岛一处并不算高的山丘上，我很喜欢坐在上面眺望海景。当我觉得自己的情绪几乎失控，或是遭受打击而不堪重负时，便会驾车前往城之岛，来到此地看海。不仅是感受大海，也感受着自然，感受着风。

于是乎，我的内心就会如同被海浪涤荡过一般，心中的那些纠葛也就这样被一点一点地冲淡了。

⊖ 城之岛：位于神奈川县三浦半岛最南端的岛屿，以独特的自然地理风光而著称。

习惯22　早晨的时间非常宝贵

为了更好地掌控情绪,早晨的这段时间如何利用是非常关键的。

我总是对妻子说不需要准备早餐,因为我希望能按照自己的步调,悠闲地度过早晨的时光。

每天早晨,我很早就会出门,然后去咖啡馆或是家庭餐厅一边吃早餐一边读报。我的早晨就是这样开始的。

接着,我会独处一段时间,静静地审视自己,用一种平和的心态畅想梦想和目标,思考今天一天要做哪些事情。为了保证从早晨起就进入冲刺状态,我必须把今天要做的事情在头脑中整理好并且记住。

另外,为了能让自己更舒服地起床,我还在设置闹钟的铃声方面费了一番心思。

对我来说，闹钟铃声是"叮铃铃"，是"噼噼噼"，又或者是音乐，都会对醒来时的状态产生影响。为此，我不断更换闹钟进行尝试，不知买了多少个才找到自己听起来比较舒服的铃声。这当然是为了让自己更舒服地醒来，从而一大早就保持良好的心情。

最近，我的"闹钟"又换成了阳光。

人类原本就过着日出而作、日落而息的规律生活，这令很多科学家认为，所谓的"生物钟"就位于人的双眼眼球后方一个名为视交叉上核的神经细胞群：早晨的阳光通过双眼传递至视交叉上核，促使其发出"起床"的指令；而当夜晚的黑暗传递至此处，又会促使其发出"睡觉"的指令。

因此，我会在睡觉前特意拉开窗帘，好让第二天早晨的阳光顺利抵达我的视交叉上核。

习惯 23　让身边人写出你的 50 个优点

这是我在参加某个培训班时的事情。

某次课程结束后，讲师布置了一道作业，让我们请自己身边的人，写出关于自己的 50 个优点。我当时拜托的是自己的妻子。

她经过一番思考，写下了我的 50 个优点，包括"很重视各类纪念日""非常在意我""对待工作总是拼尽全力"等，这让我非常高兴。

这 50 个优点当中，有些是我已经想到或是比较认同的，但也有些让我倍感意外。看着这份列表我很受感动，心想原来妻子是这样看待我的，而且我也借此了解到了许多自己并没有意识到的长处。

如果只需要列举出 10 个，那么大家写出来的优点恐怕都大同小异。可要列举出 50 个来，不深

● 由妻子所写的我的50个长处

```
              自己的长处/强项
                （50个）
```

(1) 很多事情都会仔细考虑	(26) 每年都会庆祝结婚纪念日
(2) 注重平等	(27) 每年都会送我一份礼物
(3) 以对方为中心思考问题	(28) 一年内带着我去海外旅行了三次
(4) 冷静	(29) 回来晚的话一定会提前联系
(5) 唱歌很好听	(30) DVD的订购由他全包
(6) 善于保持各方面的平衡	(31) 家里没准备饭菜也不会表现出不满
(7) 爱干净	(32) 遇到事情会主动商量
(8) 守规矩	(33) 积极主动地和别人沟通
(9) 考虑周全之后再行动	(34) 会抽出时间探望双方的父母
(10) 做事有计划性	(35) 有时间就会去扫墓
(11) 注重饮食，以蔬菜为主	(36) 不浪费钱
(12) 会向别人表达感谢之情	(37) 很关注我
(13) 脾气好	(38) 擅长夸人
(14) 擅长倾听	(39) 爱逞强
(15) 言出必行	(40) 必须要做的事情总是能当天完成
(16) 挤出时间来也要运动	(41) 开车技术好
(17) 每6个月看一次牙医	(42) 消息灵通
(18) 很会哄别人开心	(43) 喜欢学习
(19) 不发牢骚	(44) 无论多小的问题都会思考如何解决
(20) 不说别人的闲话	(45) 工作能力强
(21) 孝顺父母	(46) 看着就让人安心
(22) 温柔	(47) 值得信任，值得依靠
(23) 凡事都很努力	(48) 心胸宽广
(24) 思考方式很积极乐观	(49) 有很多创意想法
(25) 守时	(50) 思考方式比较无拘无束

入思考是不行的。因此位于这份列表后半部分的项目，很多都让我深受触动。

这张列表给了我很大的勇气，也让我增添了许多自信。时至今日，我都视若珍宝地将它贴在桌子上。

你不妨也试着让身边的人写出你的 50 个长处吧！

习惯 24　相互交流彼此的感受

能将自己的感受传达给对方是一件很棒的事情，这会加深彼此之间的了解。

比如说，上司和下属之间可以用语言交流彼此对于工作方式的看法。这样，上司就能在一定程度上了解到下属对自己的期待，也能借此将自身对下属的要求传达给对方。这个过程中最为关键的一点就是，双方能够切实地将自己的想法传达给彼此。

如果只是上司单方面提出对下属的要求或是安排其工作的职责，这样的交流是不充分的。

身为上司，很多人坚信将员工的利益摆在第一位才算称职，但这未必就是下属眼中的理想上司，而很有可能只不过是上司自己的一厢情愿。

然而在彼此交流中，越是不愉快的事情就越难开口，而且若不好好考虑交流的时机、场所，以及和对方关系的亲疏程度，有些观点哪怕再正确也很难令对方接受。

但如此一来，交流的缺乏又容易引发新的问题，会让人觉得对方并不顾及自己的感受，从而产生焦躁情绪。

比方说，有位丈夫每天晚上一回到家就绷着个脸，一声不吭，这让他的妻子很是不满。尽管妻子还是默不作声地每天照常准备晚餐，但是她的糟糕情绪却与日俱增。她心想，自己每天处理家务、照顾孩子也很辛苦，希望丈夫能多关心关心自己，可她盼望丈夫能主动察觉到自己的想法，因而并没有说出口。

可是，如果不坦率地把自己的感受表达出来，又怎么能获得别人的理解呢？

还有另一种情况。很多人会担心有些话说出口来会伤害到对方，或是让对方很不愉快，这种责任感意识往往使得一些该说的话说不出口。

然而，如果真的为对方着想的话，把私情夹杂在话语中才是不负责任的行为。我们没有必要去担心对方会因为我们的话产生怎样的想法；只要这些话发自真心，对方一定能够感受得到。

习惯25　千万别说"我很累""我很忙""没时间"

为了确认自己能否掌控情绪,我们需要设定一个参考标准,比方说"措辞"。

我给自己设置了"三大禁句":"我很累""我很忙""没时间"。这三句话相当于一种信号,如果我很轻易地把这些话说出口,就说明我正在失去对自己情绪的掌控。

设置这样一种"检查点"来判断自己是否正在掌控情绪是非常有效的。

而一旦我们发现了此类信号,则可以试着通过对自身的"反问"来扭转情绪失控的势头。比如说当你在忙得焦头烂额的时候,心里肯定会不住地嘀咕:"忙死了、忙死了!"

这时你就可以反问自己:"我真的有这么忙吗?"

通过反问,可以迫使自己以不同的角度来审视当前的状况,从而摆脱惯性思维的束缚。具体到"忙还是不忙"这个问题上,你可以试着寻找证明自己"不忙"的理由,然后你或许就会发现,原来同事也在处理同一件事情,这能为你分担不少压力。

像这样,只是简单地发问,就能让情绪得到舒缓。

第 6 章

11 种即刻缓解生气与焦躁的"特效药"

不 生 气 的 技 术

特效药1　这是上天对我的考验

人活着，总会遇到很多不情愿的事情。正是这些不情愿的事情让我们感到生气。

当我遇到不情愿的事情的时候，我总是会对自己说这样一句话："这一定是上天对我的考验。"

我是个很软弱的人。因为软弱，所以才想要坚强地活下去。为此，当我遇到不情愿的事情时，心里充满了愤怒，又或是想要逃避时，总会告诫自己"这一定是上天对我的考验"，然后奋力发起挑战。

我很宠自己的孩子们，对他们总是非常娇惯。

当然，在抚养孩子的过程中，我也会有心生焦躁的时候。不过，我从不会把这种焦躁的情绪表露出来。

我认识的一个人，他在自己的孩子不听话时，说了一句："真的心烦，怎么不去死。"

亲眼目睹此情此景的我格外震惊。

在抚养孩子时，肯定会遇到很多不如意的事情，心情烦躁也是可以理解的。可试想，这样一句话会对孩子造成多么坏的影响，又会造成多么大的伤害？受到这种对待，作为孩子也太可怜了。

只要用心教育，孩子是能够明白的。据说，孩子吸收信息的速度是成年人的一千倍，这说明他们有着不可估量的潜力。如果在抚养孩子时感到焦躁，不妨将这当作是"上天为了磨炼自己的耐性而施加的考验"。

另外，作为父母要思考的，不是父母所认为的什么对孩子来说是最好的，而是对孩子自己来说什么是最好的。

特效药2　这刚刚好

假设现在发生了一件让人很不如意的事情,这种情况下,我经常使用的一种应对方法是,特意说一句:"这刚刚好。"

这句话有着不可思议的力量,能使人改用一种更加积极的态度看待问题。

比方说,我让别人帮我买一瓶矿泉水,结果对方搞错了,买了一瓶乌龙茶回来。

此时,如果我本就心情不佳,没准会非常生气:"你怎么听的?我不是说了要矿泉水吗?"

但我反而会说:"这倒是刚刚好。"

这样一来,我的大脑就会自动地开始思考"刚刚好"的理由,然后得出类似这样的结论:"确实是刚刚好。听说乌龙茶有利于分解脂肪,正好今天中午吃了不少肉,喝乌龙茶刚好能帮助消化。"

在说出"这刚刚好"的同时,我们就带上了一副有着不同价值观的"眼镜"。

曾有过这样一件事情。我在为其他企业进行培训时,需要用到PPT,所以对方会事先准备好投影仪。

然而有一次,我来到某家企业后,发现没有投影仪。于是我赶紧打电话确认,结果对方只是轻描淡写地回复了一句:"不好意思,我们本来就没有投影仪。"

当时我立刻想到的是:"真的假的?没有投影仪要怎么培训?"

但是,我说出口的却是:"是吗?那刚刚好。"

这样我就能够转换思考角度,得出新的结论:"这倒是个好机会,挑战一下不借助PPT,光靠讲解就让听讲人接受。"

"培训必须要用到PPT",我之所以这么认为,是因为我是戴着代表自己价值观的"眼镜"在看待这件事情;而通过一句"这刚刚好",我才得以扔掉成见,换上一副有着别的价值观的"眼镜",从而意识到"培训只需要讲解也可以进行"。

特效药 3　感谢与讨厌的人的相遇

如果一个人让你感到烦躁、生气，你可以试着反过来去接纳他的所作所为，甚至是感激与对方相遇的这种"奇迹"。

没错，相遇是一种奇迹。**这个世界上有大约 63 亿人**[一]**，如果和每一个人见上一秒钟，你知道与所有人相见一共需要多少年的时间吗？答案是 200 年。就算只限于日本人，也需要 4 年的时间。**当然，每个人都只见上一秒钟显然不现实，因此日常生活中的许多不经意的相遇，概率几乎等同于奇迹。

不管是多么过分、多么惹人讨厌的人，和他们的相遇本身就是一种奇迹。我认为，我们应该感谢这种奇迹的发生，并把他们当作反面教材，警醒自

[一]　此为作者写作本书时的数据。

己千万不能成为这样的人。

同样地,因对方的言谈而动怒,并将怒气表达出来加以回击,乃至放任怒火增长,这些都是没有必要的。我们应该感谢与这个人的相遇,感谢他成为自己的反面教材。

特效药4　改变名为价值观的"眼镜"

为什么对于同一个事实,不同的人会有不同的观点?

比如说,对于职业棒球比赛中"巨人"队获胜这一事实,有人会感到高兴,也有人不会。又比如说,对于选举中某一党派获胜这一事实,有人会感到欣喜,也有人会感到遗憾。

这是因为,我们都各自戴着一种名为"价值观"的"眼镜"。

而焦躁情绪的产生,很多时候都是透过自身的"价值观眼镜"来看问题所致——就像是爱干净的人会对不修边幅的人感到焦躁,性子急的人会对慢条斯理的人感到焦躁。这其中的差别是各人价值观的差别,并没有什么好坏之分。

所以我们应该试着戴上不同价值观的"眼镜"，来改变自身看待事物的角度和方式。面对问题，如何思考、如何处置是至关重要的，尤其是那些意料之外的突发问题，处理方式稍有不当，就会令自己遭受巨大的损失。

有位职业拳击手说："如果输掉这场比赛我就退役。"而真当他输掉比赛退役之后，没过几个月又突然宣布复出。

这就是因为他改变了价值观的"眼镜"。

起初，他戴着的是"输掉这场比赛就退役"的"眼镜"，所以只能看到退役这一条路。可等到真的退役了几个月，他戴上了"就这么退役真的好吗"或是"就这么退役果然还是不甘心"的"价值观眼镜"重新思考后，看到了复出这一新的选择。

要想收回已经说出口的话是很需要勇气的，但是改变"价值观的眼镜"并不是什么丢人的事情。

很多运动员的先例都说明，就算在电视上公开宣布了退役，事后撤回的话还是能够得到大众的接受。所以，在日常生活中我们就更没有必要觉得改变自己的想法和观念是很丢人的事情，反而应该不断改变自己所戴的"价值观眼镜"来看待问题。

并且，一个人"价值观的眼镜"数量越多，越说明他有着丰富的教养。

这里再谈谈我自己的经历吧。我自知没什么学历，所以一直在努力学习。在我看来，学习能够丰富教养，让心胸更加宽广，从而能以一种更加开阔的视角去看待事物，避免无谓的生气。

其实我在工作之前几乎是不读书的，就连漫画都不碰。由于很讨厌成排印刷好的文字，所以除了学校里的教科书，我恐怕一本书都没有读过。

不过对此，我一直有这样一个疑问：**从初中、高中再到大学，为什么我的那些朋友，书读得越多，就显得越聪明？是不是书里面有什么我所不知道的东西？**尽管我始终没有读书的念头，但开始工作之后，我觉得还是有必要读上一两本来一探究竟。

当然，一开始就读一些很难懂的书肯定是不行的，所以我最先选择的是漫画书《YOUNG JUMP》㊀。这本杂志非常有意思，当时每逢发行日的周四，我都会在离家最近的车站买上一本，在上班的电车中读完，然后扔进涩谷站的垃圾桶再前往公司。这一度成为了我的一种习惯。

漫画之后是小说。我打算从简单易读的小说入手，所以最开始读的是当时流行的赤川次郎㊁，接着是松本清张㊂。然后我又开始读一些和商业有关的书。如今，我已经变得非常喜欢读书了。

我觉得如果你想开始读书的话，从漫画到小说再到商业书籍是一种很不错的过渡。毕竟一开始就

㊀ 指《周刊 YOUNG JUMP》，由日本集英社发行的面向青年读者群体的漫画杂志。
㊁ 赤川次郎（1948—）：自 20 世纪 80 年代开始广为人知的日本推理小说作家。
㊂ 松本清张（1909—1992）：极富盛名的日本推理小说作家，"社会派推理"的开创者。

读很难懂的书根本无法坚持下来，所以我才从自己力所能及的书开始读起。

除此之外，我觉得多看电影也是很有帮助的。通过看一些感人的电影，能够了解到不同人的心理，陶冶自己的情操。

另外，我也开始对身边的许多事情抱有疑问和好奇。比方说眼前有一瓶矿泉水，我不会直接拿起来喝掉，而是会好奇它的水采自什么地方。矿泉水的种类多种多样，矿物质的含量是多少、是硬水还是软水、它的价格是高是低——光是一瓶矿泉水，就有这么多值得我们思考的地方。

特效药 5　暂时离开

我的心中，住着一个让人格外厌恶的自己。他就像是一团黑色的聚合物，让人分辨不出模样，只是偶尔会冒出来展现自己的存在。

人毕竟是情绪化的动物，无论平日里再怎样训练自己控制情绪的能力，被人说中痛处、受到重大打击时，这个让人厌恶的自己还是会不由自主地跑出来。

这样的自己往往充满偏见、妒忌他人、口不择言，有时还会大发雷霆。不管是谁说了让人讨厌的话、做了让人讨厌的事，他总会在某个不经意的时刻展露出自己。

每当此时，我都会选择暂时远离当前的场所。

比如，我会对对方说："请稍微等我一下""我去取些资料可以吗""我去厕所方便一下",然后起身离开。在我感到心情烦躁,自知如果继续待在此处,那个令人厌恶的自己就会跑出来时,我就会找些理由来让自己的身体活动起来。

如果交谈的地点是在办公室,那么我就会在周围或是其他楼层来回踱步;如果附近有出口,我会走到室外深呼吸几次,令自己的心情平复下来。由于身体和情绪是彼此相联系的,像这样活动身体,情绪也会发生变化。如此一来,那个原本继续坐着就会因躁动而忍不住从心底跑出来的让人厌恶的自己,便能通过身体活动的调节,而再度沉静下来。

稍稍冷静之后,我会戴上别的"价值观眼镜",把让人厌恶的自己完全封在心底,并在确认能像往常一样与人交流之后,再返回原来的地方。

特效药 6　关注"第一情绪"

让我们假设有这样一个情景。

一位父亲对很晚才回家的女儿怒吼道:"你也不看看现在几点了?"女儿听后闹起了别扭,把自己关进了房间。父女二人的关系就此恶化。然而,父亲的怒吼真的是因为生气了吗?

如果我们将情绪的外在表现加以解读,会发现情绪包含了处在主要地位的"第一情绪",和处在次要地位的"第二情绪"。

上面的例子中,这位父亲的"愤怒"属于第二情绪。那么第一情绪是什么呢?是"担心"。

"因为你回来得晚了,我怕你出了什么事情,所以非常担心。"

这才是这位父亲的第一情绪。

要想真正掌控自己的情绪，意识到第一情绪的存在是至关重要的。在上文的这种情境中，父亲应该客观地看待自己心中的焦躁情绪，明白这份焦躁实质上是出于对女儿的担心而不是单纯的愤怒。

这样的话，当女儿回到家时，父亲的态度和应对就会发生改观：

"担心死我了，是不是出什么事了？"

"如果回来得晚，家里人都会担心的，你应该提前打电话或发短信联系一下。"

这里，再谈一谈我自己是如何控制第二情绪的吧。

事情发生在我还在和妻子恋爱的那段时间。当时我们订好了约会的时间，结果她迟到了很久。

前面也提到过，我这个人很性急，所以当时特别焦躁。给她家里打电话没人接,而当年手机又没有完全普及,因此完全联系不上。

我心想除了等也没有别的办法,只好继续等待。这一等就是两个小时。

实话实说,在等待的时候,我心里冒出了很多类似于"很来气,干脆直接回去吧""等她来了我要好好教训她"这样的想法。

然而转念一想:"本身她迟到了就已经很愧疚了,而且我也很想见到她,现在的这种愤怒情绪并不是因为我真的生气了。"

于是在见到她的时候,我收起了怒气,这样说道:"我还以为今天见不到你了。看到你没事真是太好了。能好好地见到你比什么都重要。"

这些都是我的真情流露,我的确很高兴能见到她,也很高兴约会能够继续。

结果妻子非常感动。我觉得这件事情对我们今后的生活产生了至关重要的影响。如果我当时被作为第二情绪的"焦躁"所左右,而忽视了第一情绪的"想要见面",那么在看到她的同时没准就会大发雷霆,这样恐怕我们根本连婚都结不成吧(笑)。

特效药 7　不愉快的情绪要勤宣泄

当你感到非常不愉快，觉得气血上涌、心情焦躁时，一定要想办法把这些情绪发泄出来。

负面情绪不能积攒。尤其当焦躁不断累积时，很容易引起情绪的爆发。

我们内心的承受能力是有限的，这个限度被突破就很难恢复，从而导致内心被负面情绪大量占据。

但是，如果逢人就诉苦，那就变成了普通的发牢骚。宣泄情绪的场所和对象都需要谨慎选择。

比如说，我们可以采用写博客或记日记等方法。将情绪诉诸文字，有助于我们理解自己的心理活动。这种思绪层面的整理能在一定程度上缓解焦躁情绪，至少也能借此明白自己今后该怎么做。

另一种方法是向亲朋好友吐露。哪怕对方只是听一听，也能令自己轻松不少。

当我们通过话语来表达感受时，内心是能得到放松的。如果所有的感受都郁结在自己心中而得不到宣泄，最终就会演化成忧郁的情绪。

所以，人一定要有一位能无话不谈的对象。

我就有这样一位非常仰慕的"大哥"。

这个人是我上班族时代的前辈，后来又和我一样经营自己的公司。和他在一起，从吃喝玩乐聊到工作，什么话题他都能应付自如。所以如果我有什么心事，总会叫上他一起喝酒聊天，多多少少也会向他诉诉苦。对我来说，他的存在是不可多得的。

这样一个人的存在，在我们无法单靠自己控制情绪时能够提供巨大的帮助。当我们心情烦闷、牢骚不断时，有一个能够毫无顾虑的倾诉对象是非常重要的。

但这个角色并不是谁都可以担任。比如公司同事这种与自己在社会关系层面上有所牵连的人就不行,毕竟一句不经意的牢骚就有可能引起新的摩擦,结果只会让自己的心情更添苦闷。从这个角度来说,与自己工作无关的人更合适,比如选择心胸开阔的朋友或是自己的丈夫、妻子就很好。

特效药 8　立刻道歉

谁都无法避免失败或犯错。这种时候要学会立刻道歉。

就算假装自己没有失败、没有犯错,是对是错自己心里也是一清二楚的,而刻意隐瞒,恰恰是导致焦躁和压力产生的原因。

所以,如果发现自己犯了错,不管自己的地位是不是比对方高,也不管对方是不是比自己年轻,都应该坦诚地道歉。犯了错是这样,失败了、给别人添麻烦了也该是这样。

这种再浅显不过的道理,连小学生都不会不明白。可当一个人长大成人后,哪怕是理所应当的事情也未必能够做到。年龄、资历、立场所造就的偏执与自尊,会迫使一个成年人很难坦率地向他人道歉。

就拿我自己亲身经历过的一件事情来说吧。我是一个对下属的迟到和旷工非常在意的人，为此我自己也会恪守时间，几乎从不迟到。可偏偏有一天我迟到了。平时总对别人说"不准迟到！"的人自己迟到了，面子上实在有些说不过去。

但是我选择在抵达办公室的同时直接跪下来大声道歉。

当天夜里又正好是公司聚会。席上我逐一为所有人倒酒，像是自嘲一般地接连道歉。

每个人性格不同，道歉的方式也不尽相同，但是，既然犯下了错误，导致了失败，就该收起面子，坦率地道歉。

这一点对亲子关系而言也是同样的。父母犯下过错的时候，就应该诚恳地向孩子说"对不起"。

特效药 9 "算了"精神也很重要

情绪失控导致心生焦躁也是无可奈何的。这种时候,对自己说一句"算了"也许会有意想不到的效果。

虽然"算了"听上去只是一种妥协,但对我来说,这意味着"断念"。在我看来,"放弃"是不好的,而"断念"却不一样。

断念是一种"放下"。

面对心事,一个人很难说放下就放下。可是,若心事太多,要思考的事情也会增多,而那些不顺遂的事情就会在心里占去越来越大的空间,使得压力和焦躁与日俱增。

所以,我们要鼓起勇气"放下"。

这时,你就可以对自己说一句"算了"。那些你心想"算了"的事情,只要它们足够重要,之后你还是会好好考虑;换个角度来说,一句"算了"就能让你放下的事情,对你来说显然并没有那么重要,就算放下了也无关紧要。

通过不断地"放下"和"断念",最后留下来的,就是对你而言真正重要的东西。

特效药 10　事情不会一成不变，所以要先忍耐

我曾有过 6 年的上班族生涯。

在工作了差不多两年半的时候，我只有一次感觉到"不行了，要辞职"。理由很简单——当时的上司很让人讨厌。我完全无法认可他的行事方法和思考方式，觉得无法再坚持下去了，所以下定了决心要辞职。

当时我开车回到老家，对父亲这样说道："其实我打算辞职了。我实在是无法认同现在这个上司的行事方法和思考方式。然后下一份工作也有了着落，那家公司业绩还不错，我觉得去那儿能发挥出自己的能力。"

然而父亲却对我说："蠢货。"

"你好好想想自己在说什么。做一件事情，短短三年时间都没法咬牙坚持下来的人，去了别的公司就能做出什么成就了吗？"

随后他又接着说："不管你说这个上司怎么讨人厌，他会是你一辈子的上司吗？任何公司都有岗位和人事调动，上司也是会变的。因为这一点小事就辞职，岂不是太可惜了？"

我这个人在父母面前比较爱撒娇。这次回来，也是希望获得支持才和父亲商量的。没想到非但没获得支持，还被教训了一顿："你难道不明白'吃得苦中苦，方为人上人'的道理吗？"

我原本还打算在家里住上一晚，但毕竟吃了"闭门羹"，于是当天就赶了回来。

结果，我也没有辞职，就这么稀里糊涂地过了半年。半年后，那名上司被调走，而我成了部门的负责人。这样一来，我就成了那个发号施令的人，再也不用看上司的脸色行事了。到此时我才觉得，当初没辞职真是太好了。

由此我想到，人只要活着，就一定会遇到让人烦闷、焦躁的事情。但是，这种状况不可能永远持续下去。如果我们能稍微忍耐一会、多加思考一会，事态兴许就会发生很大的改观。这在如今这个变化快得叫人应接不暇的年代更是如此。

特效药 11　如果还是忍不住生气，那就睡上一觉吧

总有抑制不了焦躁情绪的时候。

这时，你不妨稍微喝点酒，然后痛痛快快地睡上一觉。第二天醒来，你也许会意外地发现，自己已经不那么在意了。

很多时候，时间会为我们解决问题。就算发生了不开心的事情，只要放着不管，时间自然会抹平我们心中的波澜。

同时，睡觉还有另外一种非常重要的作用。

实际上，有些时候焦躁和生气是源于自身的"疲劳"。人在疲劳的时候很容易焦躁和生气，这是因为当大脑处在疲劳状态下，很难再调用精神资源

去照顾别人的感受，或是处理一些琐碎的信息。

而通过一整晚的熟睡，大脑得到了恢复，人就会觉得：为什么我会因为这种事情而感到焦躁呢？

所以，当焦躁来临时，我们需要分辨这是不是因为我们的大脑正处于疲劳状态。如果是，那么就赶紧停下手头的工作，好好睡上一觉吧。

后 记

学生时代，我曾将成为一名教师视为自己的目标。当年我看过一部叫做《夕阳之丘的总理大臣》㊀的校园题材电视剧，由此产生了想要从事教育工作的想法。

在我独自创办的公司上市的三年前，我就开始和其他董事会成员商议，打算"时机合适的话就辞职"。公司上市后，我终于得到了他们的认同，于是才能像如今这样从事期待已久的教育事业。

㊀ 《夕阳之丘的总理大臣》：由漫画改编的影视作品，主人公是一位从美国归来的英语教师，"总理大臣"是其昵称。

我教授的是所谓的"上司学"。

"上司学"的首要目标，是令上司展现出自己的独特魅力。下属的成长取决于上司。如果想要改变下属，首先上司自己应该学习如何成为一个称职的上司，学习如何正确地待人接物、思考问题，然后还要加以实践。

其次，上司要和下属进行一对一的交流。不管上司自身有着怎样卓越的思维方式，如果无法和下属彼此交心，自己的话也很难触动对方。为此，上司也要学习交流的技术和技巧，来增进与下属的关系。

成为一名极富魅力的上司，与下属之间构筑起了极佳的人际关系之后，最后一个步骤就是组织结构的搭建，即对自己所统领的这个组织的整体结构进行强化，将之打造为一个具有更高生产效能的集团。

"上司学"同样也能促进社会的活性化。借助上司学,上司培养了魅力,建立了与下属的良好关系,强化了组织结构——这又必然会培养出许多优秀的下属。这些优秀的下属有朝一日也会成为极富魅力的上司,建立与下属的良好关系,强化组织结构,然后继续培养出新的优秀的下属。

这种正向的连锁反应,使得优秀的人才得以呈指数式增长,进而不断地走入社会,回馈社会。

我的公司的经营理念是:"通过高品质的文化助力个体与企业的成长,为构筑起富饶的社会和光明的未来贡献自己的力量。"——这也是我的人生理念。

那么,今后承担起"构筑起富饶的社会和光明的未来"这一任务的是谁呢?

是当代的年轻人,是我们的孩子。

所以当下,我们需要的是许许多多能成为他们的榜样、成为他们憧憬目标的"大人"。

如果见到的大人们，每天都是一副筋疲力尽、昏昏欲睡、唉声叹气的模样，孩子们会怎么想呢？

周末在家懒散地躺在沙发上，哪怕孩子主动提出来希望能一起玩耍，也总是以自己太累了为由而拒绝；难得和孩子们一起去迪士尼乐园，可只有母亲在陪着孩子游玩，父亲却在一旁的长椅上午睡。

眼见这样的大人，孩子们真的会产生想要成为这种人的想法吗？答案当然是否定的。

经商人士回到家里，也会变回父亲，变回母亲。

如果父母对将来的描述充满了希望与魅力，告诉孩子："这样的工作是很棒的！""成为这样的大人是很值得开心的！"那么孩子们自然会产生憧憬，盼望自己早日长大成人。只要身边有值得崇拜的大人存在，孩子们自然会对将来充满希望。所以，如果值得崇拜的大人越来越多，社会当然也就会朝着更好的方向发展。

有关"上司学"的详细内容,可以观看由日经BP社发行的DVD与CD套装课程《上司学:培养最强的下属,建立最强的组织》,或是阅读我的作品《这样做,下属才会信服你!》和《理所当然却很难做到:上司的规则》。而本书所总结的,是与上司学相关联的掌控情绪的方法。

如前所述,这个世界上最简单的成功法则就是珍惜生命和时间。通过阅读本书,我想你应该已经明白,不开心、焦躁、生气这些负面的情绪是怎样令我们的人生变得枯燥乏味的。

但是,如果我们能够掌控自己的情绪,这种枯燥乏味的人生就能得到改变。

本书介绍了许多不同的价值观、看待事物的方式、思考方式以及具体的方法论。所有这些,你都可以从明天开始应用到自己的生活当中。

我诚挚地希望,有更多的人能阅读这本书,使得孩子们崇拜的大人越来越多,使得大人们越来越认可自己的生活价值，从而为构建更加自由、更加富饶的社会做出贡献。

目前，我个人的全新研究课题是如何成为一名值得孩子称赞的父亲。不知各位在生活中，有没有想过通过哪些举动，使自己成为一名令孩子忍不住称赞自己的父亲或母亲呢？

希望各位都能关注自己的言行，展现自己的活力，成为一名值得尊敬、令人憧憬的大人吧！

嶋津良智

作者简介

◎ 嶋津良智（Yoshinori Shimazu）

大学毕业后，就职于一家 IT 领域的初创企业。

在同一时期入职的 100 名员工中，销售业绩名列榜首，为此得到公司认可，在 24 岁时获得提拔，成为公司最年轻的营销部部长。

就任部长 3 个月后，所在部门的业绩成为全日本第一。

其后，在 28 岁时独立创办公司，并出任董事长。

翌年，在机缘巧合之下，与两位相识的企业经营者一起创办了一家销售通信器材的新公司。3 年后，对出资的 3 家企业进行了吸收合并，实质上只用了 5 年时间，就建成了一家年销售额达 52 亿日元的公司，并在 2004 年 5 月成功实现IPO上市。

2005年，日本企业丑闻频发。为了给企业经营者敲响警钟，围绕"领导者的存在意义是什么？""领导者应该承担的真正职责是什么？""领导者以什么来为他人、企业、社会做出贡献？"等论题，首倡"领导者教育"理念，并以培养面向新时代的领导者为目的，创办了"领导者学院"。

如今已将业务中心迁移至新加坡。随着协助企业提升销售额的原创课程《上司学》广受好评，迄今为止举行了多次演讲会、企业培训与企业咨询活动。同时，也充分利用了两次公司上市的经验，以顾问或公司外部董事的身份参与经营策划，为各个企业的经营团队提供意见和建议。

独立发行的电子杂志《领导者学院课程》中，正在免费公开他通过两次公司上市所获得的经验与重要信息。

另外，与同为畅销书作者和企业经营者的5人共同筹划和组建了志愿组织JBN（Japanese Business Network），通过举办商业研讨会的形式，为活跃在世界各地的日本创业者、经商人士等提供支持。

◎ **主要作品**

《活用女性下属的上司力》《别被上司使唤！要学会使唤上司！》《名为工作的健身》《就是因为这样公司才不赚钱！》《为下雨感到高兴吧！》《理所当然却很难做到：上司的规则》《这样做，下属才会信服你！》等。